ÉTUDE

DE LA

FAUNE DES EAUX PRIVÉES DE LUMIÈRE

HISTOIRE NATURELLE DU GAMMARUS PUTEANUS, KOCH

DESCRIPTION DE L'ASELLUS SIEBOLDII

OBSERVATIONS ANATOMIQUES SUR L'HYDROBIA DE MUNICH

PAR

PH. de ROUGEMONT

DOCTEUR ÉS SCIENCES NATURELLES
ET PROFESSEUR A L'ACADÉMIE DE NEUCHATEL

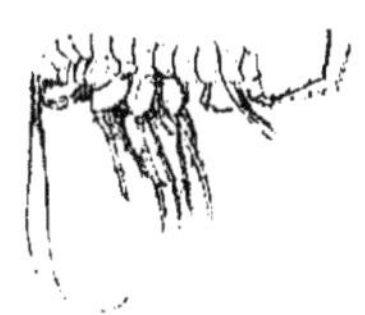

PARIS

SANDOZ ET FISCHBACHER

33, RUE DE SEINE, 33

BERLIN	NEUCHATEL
FRIEDLÆNDER & SOHN	LIBRAIRIE JULES SANDOZ
11, CARLSTRASSE, 11	12, RUE DE L'HOPITAL, 12

1876

ÉTUDE

DE LA

FAUNE DES EAUX PRIVÉES DE LUMIÈRE

ÉTUDE

DE LA

FAUNE DES EAUX PRIVÉES DE LUMIÈRE

HISTOIRE NATURELLE DU GAMMARUS PUTEANUS. KOCH

DESCRIPTION DE L'ASELLUS SIEBOLDII

OBSERVATIONS ANATOMIQUES SUR L'HYDROBIA DE MUNICH

PAR

PH. de ROUGEMONT

DOCTEUR ÈS SCIENCES NATURELLES
ET PROFESSEUR A L'ACADÉMIE DE NEUCHATEL

NEUCHATEL

IMPRIMERIE DE JAMES ATTINGER

1876

INTRODUCTION

Dans le domaine des sciences naturelles, il est curieux qu'il y ait encore des phénomènes, ou plutôt qu'il existe des faits, pour ainsi dire journaliers, qui, malgré l'intérêt qu'ils présentent à être étudiés et expliqués, n'attirent cependant pas assez l'attention des observateurs de la nature. Nous voulons parler ici de ces rares apparitions qui ont lieu le plus souvent dans les vases à eau, dans les carafes, mises sur la table à l'heure des repas et qui, pour la famille réunie, sont une cause d'étonnement ou d'effroi.

Ces apparitions, disons-le tout de suite, ne sont autre chose que de petits crustacés de la famille des Gammarides qui, suivant l'eau dans laquelle ils se trouvent, attirent plus ou moins l'attention des naturalistes; car, si l'eau provient d'une fontaine, l'apparition de Gammarides n'a rien d'extraordinaire, sachant que toutes les sources et eaux courantes sont peuplées de ces crustacés dont nous possédons deux espèces, le Gammarus pulex et le fluviatilis. Si l'eau, au contraire, provient d'un puits, alors l'apparition de Gammarides est un fait curieux; d'abord ils diffèrent des deux espèces pulex et fluviatilis par une absence complète de coloration, ce qui les rend transparents, et par le manque de l'organe visuel, puis ils possèdent des caractères morphologiques assez distincts de ceux-ci, et enfin, ils sont une preuve évidente de l'existence d'une faune souterraine.

Koch, l'auteur de la faune des crustacés, arachnides et myriapodes d'Allemagne, fut le premier observateur de ces Gammarus aveugles et, vu leur provenance, il les nomma Gammarus puteanus.

Depuis lors, de semblables apparitions eurent lieu, mais les Gammarus ne se ressemblaient pas toujours et différaient souvent de ceux que Koch avait figurés, ce qui fut la cause de nombreuses publications dans lesquelles furent décrites comme espèces toutes les formes différentes de ces Gammarides.

Quoique la littérature concernant ces crustacés soit abondante, nous savons cependant que leur étude n'est pas complète, qu'il reste encore bien des questions à se poser et d'autant plus à résoudre.

Partageant d'abord l'opinion des auteurs, c'est-à-dire que les Gammarus qu'ils avaient décrits, étaient des espèces, j'allais décrire à mon tour une forme nouvelle d'une taille gigantesque, provenant d'un puits de Neuchâtel, lorsque, réfléchissant à l'histoire du développement de ces crustacés que je ne trouvai nulle part mentionnée et lorsque je m'aperçus qu'aucun des petits Gammarus ne ressemblait aux grands gammarus et que les petits étaient tous semblables, je dus changer d'avis et je dus reconnaître par l'étude de toutes les formes connues, que je n'avais point à faire à des espèces, mais aux différents degrés du développement du Gammarus puteanus. En nous livrant à ce travail, nous n'avons pas eu la prétention d'amener à un résultat final l'histoire de ce crustacé. Les lacunes sont nombreuses et la principale est celle du développement depuis l'œuf à la taille de 2 à 4 millimètres, provenant de l'impossibilité dans laquelle j'ai été de trouver une femelle portant des œufs, malgré le grand nombre d'exemplaires que j'ai eus.

Durant mes recherches sur le Gammarus puteanus, j'eus l'occasion de faire connaissance avec d'autres êtres habitant le même puits, ce qui me fit prévoir un champ d'étude nouveau dans un domaine inexploré, domaine qui ne s'étend pas seulement aux eaux souterraines, mais aussi aux eaux profondes de nos lacs, dans lesquelles, d'après les dragages faits dans le lac Léman par M. le prof. Forel, de Morges, et par moi dans le lac de Neuchâtel, se trouvent aussi le Gammarus puteanus et un Asellus qui est à l'égard de l'Asellus aquaticus, ce que le Gammarus puteanus est à l'égard du Gammarus pulex, c'est-à-dire une modification plus ou moins grande, provenant du séjour dans les eaux privées de lumière.

L'Hydrobia que je trouvai aussi dans les eaux souterraines de Munich et dont je donne ici une description anatomique plus ou moins complète, n'était connu des chonchiliologues que par des coquilles mortes qui abondent dans le limon déposé par l'Isar après de fortes crues d'eau.

Ce molusque n'avait pas encore été trouvé vivant à Munich; et cela n'était pas étonnant, puisque l'on supposait que la coquille était entraînée par le courant de l'Isar depuis les régions élevées des alpes bavaroises. Cette supposition n'était pas admissible, vu la fragilité de la coquille. Trouvant ce molusque vivant dans un puits de Munich, il devenait évident qu'il habitait le sous-sol de cette ville; et par là, l'abondance de ces coquilles mortes dans le limon de l'Isar était expliquée.

Nous voyons, d'après ce que nous connaissons déjà, que ces eaux ont une faune dont l'étude ne manque pas d'intérêt et que certainement elle est loin d'être connue à fond. En effet, il n'y a que quelques lacs suisses qui aient été explorés minutieusement par M. F. Forel, de Morges. Schiödte étudia la faune des grottes de Carniole, et le Dr Wiedersheim étudia celle des grottes de Falkenstein. Les eaux souterraines de nos plaines et des grottes du Jura, les eaux profondes des lacs du haut Jura et des Alpes n'ont été que peu étudiées, et les lacs italiens ainsi que les lacs bavarois n'ont jamais eu leur fond troublé par la drague. Le champ d'exploration est encore vaste et promet, si ce n'est des découvertes, du moins des observations intéressantes sur la répartition géographique des organismes aquatiques.

Mon étude du Gammarus puteanus, Koch, de l'Asellus Sieboldii et de l'Hydrobia de Munich est loin d'être complète, je le sais, mais n'ayant plus les matériaux nécessaires sous la main, pour la continuer, je la publie telle qu'elle est en la recommandant à l'indulgence des zoologues.

HISTOIRE NATURELLE

DU

GAMMARUS PUTEANUS KOCH

Littérature concernant le Gam. puteanus. Koch.

Entre parenthèses sont les noms. des genres et des espèces donnés ou acceptés par l'auteur.

N° 1. *Koch.* Deutschlands Crustaceen, Arachniden und Myriapoden. Heft 5, Tab. 2. Heft 36, Tab. 22.
(Gammarus puteanus, Koch.)

N° 2. *Gervais.* Note sur deux espèces des Crevettes qui vivent aux environs de Paris. Annales des sciences naturelles. Paris 1835. Tom. 4.
(Gam. minutus. Gerv.)

N° 3. Dr *R. Caspary.* Verhandlungen des naturhistorischen Vereins der preussischen Rheinlande und Westphalen. VI. Jahrgang. Bonn 1849.
(Gam. puteanus. Koch.)

N° 4. *J. C. Schiödte.* Bidrag til den underjordiske Fauna. Kjöbenhavn 1849.
(Niphargus stigius. Schiödte.)

N° 5. Dr *A. Hosius.* Ueber die Gammarus-Arten der Gegend von Bonn, mit Tafeln. Archiv für Naturgeschichte von Dr F. H. Troschel. XVI. Jahrgang. I. Band. Berlin 1850.
(Gam. puteanus.)

N° 6. *De la Valette Saint-Georges.* De Gammaro puteano. Koch. 1857.

N° 7. *Spence Bate.* On the genus Niphargus (Schiödte). Natural History Review. Vol. VI. No II, London 1859.
(Niphargus fontanus. S. Bate.)
(Niphargus Kochianus. S. Bate.)
(Crangonix, n. g. S. Bate.)
(Crangonix subterraneus. S. Bate.)

N° 8. *Spence Bate.* Catalogue of the specimens of Amphipodous crustacea in the British Museum. 1862.
(Niphargus stigius. Schiödte.)
(»   fontanus. S. Bate.)
(»   Kochianus. S. Bate.)
(»   puteanus. Koch.)
(Crangonix subterraneus. S. Bate.)

N° 9, *Cam. Heller.* Kleine Beiträge zur Kenntniss der Süsswasser-Amphipoden. Mit 1 Tafel. Aus den Verhandlungen der k. k. zoologisch-botanischen Gesellschaft in Wien. 1865.
(Niphargus puteanus. Koch.)

N° 10. *Félix Plateau.* Recherches sur les crustacés d'eau douce de Belgique. Bruxelles 1867.
(Gam. puteanus. Koch.)

CHAPITRE PREMIER

Caractères des Gammarides.

Avant d'arriver à la description du crustacé dont nous voulons nous occuper, il est nécessaire de caractériser l'ordre auquel il appartient, afin de faire ressortir les caractères qui le distinguent des crustacés supérieurs, puis nous donnerons la description générale des Gammarides, ce qui nous permettra plus loin de décrire les différentes formes de notre Gammarus d'une manière plus brève.

L'ordre auquel nos Gammarides appartiennent, porte les noms d'Arthrostraca ou Edriophthalmata. Le premier de ces noms caractérise l'ordre en ce qui regarde le dermo-squelette ou carapace calcaire ou chitineuse qui est également segmentée dans toute sa longueur, tandis que dans l'ordre supérieur ou Thoracostraca, la carapace ne présente aucune segmentation dans sa partie antérieure qui recouvre les sept segments thoraciques du corps. Ainsi dans les deux ordres le corps est partagé en un même nombre de segments, seulement chez l'un les segments de la carapace correspondent aux segments du corps, chez l'autre la carapace est unie sur l'espace recouvrant les sept segments thoraciques et sa segmentation ne commence que sur la région abdominale. Le second nom de notre ordre : Edriophthalmata caractérise les yeux, et il est en opposition à celui de Podophthalmata de l'ordre supérieur, en ce que chez l'un les yeux sont sessiles, chez l'autre ils sont portés sur un pédoncule. Un autre caractère très essentiel, caractérisant ces deux ordres, se trouve dans les branchies qui, chez les Arthrostraca sont unilamellaires, chez les Thoracostraca sont multilamellaires.

Notre ordre est donc caractérisé par une carapace dont les segments correspondent à ceux du corps, par des yeux latéraux sessiles, et par des branchies composées d'une lamelle.

Cet ordre comprend deux types de crustacés fort distincts l'un de l'autre par la forme du corps et la position des branchies. Le premier type, les Amphipodes ont le corps comprimé et les branchies sont fixées à la base des sept paires de pattes thoraciques. Le second type, les Isopodes sont déprimés, larges : les branchies remplacent les pattes abdominales.

Pour arriver plus directement aux Gammarides, nous n'indiquerons que brièvement la division des Amphipodes, qui comprend trois tribus : Lœmodipoda, Crevettina et Hyperina. M. Spence Bate divise les Amphipodes en deux groupes : Normalia et Aberantia, le premier comprenant les tribus Crevettina et Hyperina, et le second celle des Lœmodipoda.

La tribu Crevettina renferme les Gammarides que nous considérerons comme une famille composée de tous les vrais Gammarus caractérisés par une tigelle appendiculaire aux antennes supérieures, par le pédoncule de ces mêmes antennes, grêle, ayant les deux premiers articles allongés et le troisième court, et par les deux premières paires de pattes thoraciques se terminant par une pince.

La description des Gammarides peut s'étendre en général à toute la tribu des Crevettina, mais nous avons préféré nous restreindre à cette famille, afin d'éviter les exceptions qui ne nous intéressent pas dans notre étude.

Le corps des Gammarides revêtu d'un intégument composé de segments, qui sont au nombre de quinze, doit être divisé en régions pour faciliter l'étude.

Nous distinguons trois régions principales, chacune composée d'un certain nombre de segments. La région céphalique, composée extérieurement d'un segment, porte antérieurement deux paires d'antennes, latéralement les yeux et inférieurement les organes de la mastication. La région thorachique, ou thorax, possède sept segments auxquels sont fixés sept paires de pattes portant à leur base respective une lamelle branchiale. La région abdominale, ou abdomen, comprend le reste des segments qui sont aussi au nombre de sept, chacun possédant une paire de pattes.

Le thorax et l'abdomen peuvent chacun se subdiviser en deux parties naturelles, caractérisées par la forme et la fonction des pattes. Ainsi le thorax se divise en prothorax et métathorax. Au prothorax appartiennent les quatre segments qui succèdent à la tête et dont les pattes sont dirigées en avant ; les deux premières paires sont terminées par un article élargi, portant à son angle supérieur une griffe mobile qui sert de pince ; les deux paires de pattes suivantes sont simples. Le métathorax se compose des trois segments suivants, dont les pattes sont dirigées en arrière et ont la faculté de se replier sur le dos, ce qui est leur position naturelle.

L'abdomen comprend le proabdomen et le postabdomen. Le proabdomen se compose de trois segments munis de pattes servant autant à la natation qu'à produire un courant nécessaire à la respiration. Le postabdomen termine le corps, ses segments, au nombre de quatre, vont graduellement en diminuant et sont munis de pattes sauteuses.

Ayant divisé le corps en régions, nous voulons maintenant détailler chacune des parties plus minutieusement. La tête, avons-nous dit, porte les antennes, les yeux et les organes de la mastication.

Les antennes, au nombre de deux paires, dont l'une supérieure, l'autre inférieure, sont composées de trois parties, d'un pédoncule, d'une tigelle et d'une tigelle appendiculaire. Le pédoncule a toujours trois articles, dont les deux premiers des pédoncules supérieurs sont longs et robustes, le troisième est court ; tandis que le premier article du pédoncule inférieur est court, les deux autres sont longs et grêles. Ces pédoncules inférieurs sont plus longs que les supérieurs. Les tigelles sont composées d'un nombre indéfini d'articles ; celles des antennes inférieures sont toujours plus courtes que les supérieures, excepté dans le jeune âge, où elles sont d'égale longueur. (Crangonix subterraneus. S. Bate: Catalogue of Amphipodes of the British Museum.) Les antennes supérieures peuvent atteindre une longueur considérable, elles peuvent même dépasser la longueur du corps, comme chez le Gammarus putaneus arrivé au maximum de son développement. La tigelle appendiculaire (Pl. 1, Fig. 8) ne se trouve que sur les antennes supérieures, fixées latéralement à l'extrémité du troisième article du pédoncule. Cette tigelle, chez les Gammarus pulex et pluviatilis, possède trois à quatre articles, tandis que chez le Gammarus puteaneus on n'en compte jamais plus de deux, ce qui forme le caractère du genre Niphargus, Schiödte, mais l'exemplaire gigantesque ne présente plus qu'une petite épine à la place de cette tigelle.

Ces antennes, depuis le premier article du pédoncule au dernier de la tigelle, sont garnies d'appendices qui, soumis à un grossissement, présentent trois formes qui doivent remplir des fonctions différentes. On leur attribue des propriétés auditives, sensitives et olfactives.

Les appendices ou soies qui, d'après Hensen[1], sont destinées à transmettre les sons, se composent d'une tige, garnie sur les côtés de petites soies supplémentaires, ce qui leur donne l'aspect d'une plume. Ces organes, chez le Gammarus puteanus, se trouvent surtout sur le pédoncule. (Pl. 1, Fig. 10 et 13.)

Les organes sensitifs se trouvent en plus ou moins grand nombre sur chaque article et se composent d'une simple soie qui, depuis la base qui est large et contient un nerf, s'amincit en un filament d'une finesse extrême. Dans les plus grandes de ces soies l'on remarque une articulation dans la moitié de la longueur.

Les organes olfactifs présentent une forme très différente des deux autres. Ce ne sont plus des soies, mais des baguettes, des cylindres plus ou moins longs, paraissant ouverts à leur extrémité. Ils sont portés sur un pédoncule. Ces curieux appendices se trouvent sur tous les articles des tigelles supérieures et atteignent chez quelques sujets une longueur presque égale à celle de l'article suivant, tandis que chez les Gammarus pulex et fluviatilis ils sont plus courts. L'intérieur du cylindre paraît contenir une matière granuleuse; c'est tout ce qu'il est possible de voir au moyen d'un fort grossissement. (Pl. 1, Fig. 11 et 12.)

La fonction de ces organes ne paraît pas très positive; Spence Bate la considère comme auditive, Leidig[2] comme olfactive. Quoique la question soit assez difficile, je me range cependant à l'opinion de Leidig pour plusieurs raisons.

Si nous comparons entre elles les baguettes de nos Amphipodes d'eau douce, c'est à-dire celles des Gammarus pulex, fluviatilis et puteanus et celles de l'Asellus aquaticus et de la forme provenant des puits, nous verrons que ces baguettes n'atteignent pas chez toutes ces espèces le même développement, celles des Gammarus pulex et fluviatilis et celles de l'Asellus aquaticus sont courtes, atteignant à peine le

---

[1] *Studien über das Gehörorgan der Decapoden.* Zeitschrift für wissenschaftliche Zoologie. Band 13, 1863. Page 303. Die Hörhaare der freien Fläche.
[2] *Arch. anat. phys.*, 1860, p. 265.

tiers de la longueur de l'article suivant, tandis que les baguettes du Gammarus puteanus et de l'Asellus des puits égalent en longueur et même dépassent l'article suivant. (Je me sers ici de l'article suivant comme mesure comparative, vu que tous les articles des tigelles de ces espèces sont à peu près égaux entre eux et que les baguettes, fixées à l'angle des articles, sont dirigées parallélement à l'article qui suit.)

Nous remarquerons ensuite que les baguettes courtes appartiennent aux espèces pourvues d'organes visuels et que les baguettes longues, que nous considérerons comme très développées, appartiennent aux deux espèces habitant les eaux souterraines et qui sont aveugles.

Comparant d'une manière générale l'importance du sens visuel et olfactif dans l'économie animale, nous verrons que l'un et l'autre sont d'une nécessité égale, ou que si l'un est atrophié, l'autre par contre s'est développé, s'est perfectionné de manière à pouvoir remplacer l'organe défectueux.

Ainsi le chien de chasse trouve la piste d'un lièvre au moyen de l'odorat et suivant cette piste il arrive immanquablement au gîte du lièvre : si celui-ci part avant que le chien l'ait saisi, le chien le voyant le poursuivra non plus au moyen de l'odorat, mais au moyen de la vue.

Les oiseaux, le condor, par exemple, ne sent pas un cadavre en décomposition, caché près de lui par une toile ; mais d'une élévation de 10,000 pieds il fondra sur ce cadavre mis à découvert. Ici l'odorat fait défaut, tandis que la vue est perfectionnée au plus haut degré.

La taupe nous présente un exemple contraire, vivant dans les souterrains qu'elle se creuse, les yeux se sont atrophiés, et cependant, grâce au développement de l'organe olfactif, aucun ver ou larve ne lui échappe.

Nos Amphipodes sont comparables aux premier et troisième exemples. Nous considérerons les Gammarus pulex et fluviatilis et l'Asellus aquaticus comme appartenant au premier, car ils possèdent les organes visuels et olfactifs. Ces deux sens s'aident l'un l'autre, soit pour la recherche de la nourriture soit pour poursuivre une femelle. Ils sont également développés, car si l'un prédominait, l'autre manquerait d'emploi.

Les organes visuels et olfactifs du Gammarus puteanus et de l'Asellus provenant des mêmes lieux, sont semblables à ceux de la taupe. Ces deux espèces, vivant normalement dans les eaux souterraines ou profondes, ont perdu le sens visuel, vu le manque de lumière, et sont sous ce rapport les inférieurs de leurs proches alliés, mais par contre le sens olfactif s'est perfectionné et l'organe s'est développé.

Si l'on ne veut pas admettre que les baguettes des tigelles de nos Amphipodes soient les organes de l'odorat, quels sont-ils ? Nous ne pouvons admettre que les deux espèces privées d'yeux soient aussi privées de l'odorat, car ainsi elles seraient dépendantes du hasard soit pour se nourrir, soit pour se multiplier.

¹ *Catal. of Amphip. of the British Museum*, p. 1. London. 1862.

— 14 —

Si, nous rangeant à l'opinion de Spence Bate, c'est-à-dire que ces baguettes servent à l'acoustique, je ne comprends pas pourquoi les espèces vivant dans des lieux où certes aucun son ne pénètre, auraient un plus grand besoin d'entendre que les espèces vivant dans les eaux superficielles, ou pourquoi ces organes de l'ouïe seraient plus développés.

Si cette hypothèse était juste, il nous faudrait alors considérer les soies à barbes comme organes olfactifs ; mais ces soies ne sont ni plus nombreuses ni plus développées chez les espèces aveugles que chez celles qui sont pourvues d'yeux. Il n'y aurait pas compensation pour les espèces aveugles.

Au moyen d'un fort grossissement l'on peut constater que ces soies et ces baguettes sont munies d'un filament nerveux. Par cet examen seul, il est impossible de dire que telle soie est sensitive, telle autre auditive et que la troisième est olfactive ; il faut, par le raisonnement, trouver la nécessité de la fonction que l'on attribue à tel ou tel organe, il faut, pour ainsi dire, se mettre à la place de l'animal, afin de se rendre compte, autant que cela est possible, de quels sens il a besoin pour son existence. D'après ce raisonnement, ces baguettes ne peuvent fonctionner que comme organes olfactifs, et leur développement plus considérable chez les espèces aveugles que chez les espèces voyantes est une preuve avancée par Darwin, à l'appui de la modification des organes, c'est-à-dire que si un organe s'atrophie par le manque d'usage ou l'impossibilité dans laquelle il est de fonctionner, un autre organe, pouvant le remplacer dans cette fonction, se perfectionne et se développe à son maximum.

Nous ne pouvons faire une comparaison exacte entre nos sens et les sens de ces crustacés inférieurs. Si nous pouvons encore reconnaître avec plus ou moins d'exactitude le siège du sens de l'odorat, il est plus difficile de reconnaître quels sont les organes qui fonctionnent pour l'audition.

Chez les insectes tapageurs, le grillon, la cigale, il est évident que possédant la faculté de faire du bruit, ils ont aussi celle d'entendre, et en effet l'organe de l'ouïe a été reconnu par beaucoup de naturalistes, mais pour nos Gammarus il n'est pas sûr du tout qu'ils aient la faculté d'entendre.

V. Hensen reconnaît un organe de l'ouïe chez les Decapodes, c'est-à-dire une vessicule garnie de soies à barbes, avec ou sans otolithes, et, parce que des soies semblables se trouvent répandues sur le corps d'un Crangon, Hensen reconnaît à ces soies la faculté de vibrer : non pas toutes ensembles, car ces soies ne s'harmonisent pas avec tous les sons, mais comme un diapason, ne vibrant que lorsque le son harmonique est donné. Si Hensen a pu faire vibrer ces soies du Crangon en sonnant du cor, et s'il a reconnu qu'une soie ne vibrait que quand un certain son était donné, ce n'est pas encore une preuve que l'animal ait entendu au moyen de ses soies : d'abord, un pareil instrument fait vibrer bien d'autres objets, et ensuite il suffit que ces soies présentent une très petite différence de longueur pour les empêcher de vibrer simultanément.

O. Sars, dans son histoire naturelle des crustacés d'eau douce de Norvège, 1867, considère ces soies chez les Gammarus comme soies auditives.

Ces soies, semblables à celles des Décapodes, sont à leur base en communication avec un nerf et sont portées sur un petit pédoncule et, vu leur délicatesse, elles doivent percevoir et transmettre des impressions dont nous pouvons difficilement nous rendre compte. Si les impressions sont des sons, je me demande quelle sorte de sons les Gammarus et les Asellus entendent dans nos lacs à une profondeur de 100 pieds, ou dans les eaux souterraines ; ne pouvant trouver une cause de sons ou de bruits, je doute que ces soies aient une fonction analogue à celles des vessicules auditives des Décapodes.

Nous ne considérons comme organe auditif que les vessicules avec ou sans otholithes. Là où nous ne trouvons plus ces caractères, nous ne pouvons plus parler de l'ouïe, nous ne pouvons savoir si l'animal entend.

Si les soies étaient munies à leur base d'une vessicule, d'un appareil acoustique, Hensen aurait alors raison de considérer ces soies comme auditives, mais jusqu'à présent rien de semblable n'a été trouvé. Répandues comme elles le sont, à la base des antennes, sur les pattes et même sur les appendices abdominaux, ces soies me semblent devoir remplir une fonction voisine du tact.

L'eau est comme l'air, un milieu dont les parties, si on peut les appeler ainsi, sont mobiles, c'est-à-dire que ce milieu peut être agité, que par le déplacement d'un objet dans ce milieu, il se produit un déplacement immédiat de toutes les parties avoisinantes. Nos Gammarus et Asellus doivent certainement se rendre compte de tous les mouvements de l'eau qui ont lieu dans leur voisinage, tels que courants, passage d'un autre animal, chute d'un corps, etc. Les soies en éventail, offrant une résistance à l'eau, et mobiles comme elles sont sur leur petit pédoncule, se laissent aller aux mouvements de l'eau qui peuvent être lents, forts, brusques, qui peuvent même se répéter un certain nombre de fois lorsque les mouvements proviennent de vibrations ; toutes ces nuances sont transmises par le nerf et comprises par l'animal, sans pour cela qu'il ait la faculté d'entendre.

Si nous voulons parler de la perception des sons chez les animaux inférieurs privés de vessicules, il nous faut créer une expression dont la signification exprime une nuance entre le sens du tact et celui de l'ouïe, indiquant que la fonction de ces organes est de transmettre les oscillations sans reproduire le son ; ce qui n'est pas une hypothèse impossible.

Les autres soies qui garnissent les antennes, sont essentiellement tactiles. Leur structure est des plus simples ; depuis la base, ces soies s'amincissent peu à peu et se terminent en une pointe d'une finesse extrème. L'intérieur contient un filament nerveux. Ces soies, malgré leur simplicité, présentent dans les plus longues un caractère que nous n'avons pu trouver dans les plus courtes. Cette différence consiste en un renflement dans le milieu de la longueur, endroit où se trouve une articulation à peine visible, mais qui doit certainement en être une ; car dans ce renflement l'extrémité de la soie forme souvent un angle plus ou moins ouvert avec sa partie basale. Ces soies-là se trouvent, par exemple, à l'extrémité des antennes et me semblent jouer un rôle particulier. Ordinairement elles sont au nombre de deux, leur partie basale est dirigée en avant et l'article terminal qui forme l'angle se dirige l'un à droite, l'autre à gauche. De cette manière le front est très élargi et si l'animal est en mouvement et qu'il vienne à rencontrer un objet, le choc n'a pas lieu avec la pointe des soies, mais avec un point quelconque dans la longueur de l'article terminal qui, grâce à son articulation, peut se replier sur l'article basal jusqu'à former un angle droit. Ainsi la rencontre d'un objet n'est pas un choc, mais une pression exercée sur un ressort qui se rend compte de la nature de l'objet.

Pour terminer la description des antennes et des sens qui y ont leur siége, il me reste à mentionner une pièce conique qui se trouve à la base des antennes inférieures. Cette pièce (Pl. I, Fig. 14) est pourvue d'un organe qui jusqu'à présent reste énigmatique, car d'après les histologues il peut être soit olfactif soit auditif, ou l'analogue des glandes vertes des crustacés supérieurs qui sont énigmatiques aussi. Ce cône, dont l'enveloppe est chitineuse, est rempli d'une matière granuleuse, traversée dans le centre par un canal rempli d'une matière semblable. Ce canal a son ouverture au sommet du cône. Quant à la base du cône et au prolongement du canal, l'épaisseur du tégument ne permet pas de distinguer la présence d'un nerf, mais la structure générale de cette pièce ressemble assez aux baguettes olfactives des tigelles supérieures pour qu'il nous soit permis de considérer cet organe comme olfactif, ainsi que Leydig et O. Sars l'ont fait. Nous aurions donc deux siéges du sens olfactif, l'un sur les tigelles supérieures, l'autre dans le cône, chacun ayant probablement un rôle différent. Les baguettes des tigelles sont placées trop en avant des pièces préhensiles de la mastication pour qu'elles seules servent à distinguer les aliments; par contre, pour la recherche d'une femelle, leur disposition est plus compréhensible et le cône placé à proximité de la bouche semblerait destiné à sentir, si ce que les pièces préhensiles ont saisi est bien la même proie que celle que les baguettes avaient d'abord flairée.

Ainsi constituées, les antennes sont le siége principal des sens : mais cela ne veut pas dire que le reste du dermo-squelette soit dépourvu des moyens de sentir. En parlant des soies à barbe, nous les avons mentionnées sur les appendices abdominaux, et quant aux soies tactiles, semblables à celles des antennes, elles se trouvent tant sur les pattes que sur les appendices abdominaux. Mais il est une troisième forme d'organes tactiles qui se trouvent sur les pattes préhensiles, sur les pattes sauteuses et les appendices abdominaux, qui ne sont autre chose que de forts piquants. Sur les pattes préhensiles, il ne s'en trouve qu'un à l'angle postero-inférieur de l'article élargi, tandis que sur les pattes et appendices abdominaux ils sont en grand nombre. Ces piquants, implantés dans le dermo-squelette, reçoivent de l'intérieur un nerf qui se prolonge jusqu'à l'extrémité arquée du piquant, mais au moyen d'un fort grossissement il se trouve qu'à l'origine de la convexité le nerf présente une bifurcation dont le rameau secondaire traverse la paroi du piquant et se prolonge à l'extérieur en un filament blanchâtre et transparent, revêtu d'une fine pellicule. Les piquants proprement dits des pièces abdominales ne sont que des points d'appui, mais ce prolongement du nerf à l'extérieur doit certainement avoir une fonction tactile. (Pl. I, Fig. 9.)

Les yeux, comme nous l'avons vu en caractérisant l'ordre, sont sessils et placés latéralement. Ils sont réniformes chez les grands sujets et ne présentent que quelques points noirs chez les jeunes. Quant à l'organe visuel du Gammarus puteanus, nous n'avons encore pu le découvrir, quoique M. Spence Bate affirme que les yeux existent et sont visibles tant que l'animal est en vie. Il m'est arrivé, il est vrai, de découvrir quelques cellules pigmentaires à la place qu'occupent les yeux chez les autres Gammarus, mais ces quelques taches noires, ramifiées, au nombre de deux à trois seulement et occupant une place plus grande que celle qu'occupent de véritables yeux, peuvent-elles être considérées comme la preuve de l'existence des yeux ?

Félix Plateau, dans ses recherches sur les crustacés de Belgique, reconnaît aussi des yeux au Gammarus puteanus et il les décrit très brièvement, comme étant triangulaires à angles arrondis, petits, privés de pigments. Il fit quelques expériences sur la vision du puteanus, faisant le raisonnement que si les yeux possédaient une sensibilité égale à celle des yeux de la majeure partie des animaux, la lumière devait les gêner considérablement, comme elle gêne les animaux nocturnes et que les Gammarus puteanus devaient la fuir, chaque fois que cela leur était possible. Les expériences consistaient à mettre quelques puteanus dans une éprouvette remplie d'eau, fermée à l'aide d'un bouchon et couchée à la lumière. Sur un tiers de l'éprouvette était fixé un manchon en papier noir. Le résultat des expériences fut qu'à la lumière diffuse les Gammarus se tenaient de préférence à l'ombre du manchon et n'en sortaient que rarement, tandis qu'en plein soleil ils ne quittaient plus la portion obscure et regagnaient de suite le manchon s'il était déplacé.

Si Plateau par le mot de triangulaire caractérise une surface privée de pigment, ce n'est pas encore la preuve qu'il ait vu un cône cristallin.

Malgré toutes mes recherches, je n'ai encore pu découvrir de cône cristallin et je m'explique l'impression qu'exerce la lumière sur ces crustacés par la transparence de l'intégument, qui laisse pénétrer la lumière jusqu'au rudiment du nerf optique. Ce qu'ils perçoivent, ne peut être que des impressions désagréables ; mais quant à voir et à distinguer les objets, la chose est impossible.

Le Gammarus puteanus provenant des eaux souterraines et des eaux profondes de nos lacs, où aucun rayon lumineux ne pénètre, a perdu l'organe visuel par le manque d'usage, et le seul moyen de prouver l'existence d'un germe rénovateur, serait d'élever de ces Gammarus de génération en génération dans un lieu éclairé par la lumière solaire, expérience d'une durée indéfinie, mais pour laquelle il vaudrait la peine de consacrer un petit bassin dans un des grands aquarium de l'Europe.

Les parties qu'il nous reste à mentionner comme appartenant à la tête, sont les pièces servant à la mastication, dont les trois dernières paires sont considérées comme étant les membres transformés des trois premiers segments soudés à la tête.

3

L'on distingue chez les Gammarus les lèvres, l'une supérieure, l'autre inférieure, une paire de mandibules, deux paires de mâchoires et une paire de pied-mâchoires.

La lèvre supérieure est de forme arrondie. Son bord extérieur est garni d'une quantité de petites pointes ou soies.

La lèvre inférieure est beaucoup plus grande que la supérieure et le bord extérieur présente une forme d'oméga très évasé ; il est aussi muni de petites soies.

Les mandibules (Pl. 1, Fig. 5) sont composées de trois parties distinctes, savoir : là pièce munie d'une forte pointe bilobée et d'un rang de soies arquées formant un peigne ; le procès molaire, qui se trouve séparé de la première pièce par une profonde échancrure et les palpes. Le procès molaire (Pl. 1, Fig. 6), vu de profil, présente à sa partie supérieure une ligne ondulée : vu de face, cette partie supérieure est très large, de forme ovale et possède des plis transversaux rappelant assez une molaire d'éléphant. Ces plaques épaisses et dures fonctionnant l'une contre l'autre, triturent les aliments et sont semblables à de vraies molaires. Du procès molaire part un long filament, dont l'usage ou la fonction reste énigmatique. La troisième partie appartenant aux mandibules, sont les palpes, formées de trois articles, dont le dernier, falciforme, est garni de nombreuses soies. La dentition des mandibules varie beaucoup, non pas seulement d'un sujet à un autre, mais souvent la mandibule droite diffère de la gauche.

La première paire de mâchoires est aussi composée de trois parties : l'une, de forme carrée, est garnie de soies en peigne, de couleur jaune ; la seconde, de forme allongée, se termine par un bouquet de fortes épines bifurquées : à cette pièce s'articule la troisième partie, composée de deux articles, dont le premier est court et le second, beaucoup plus allongé, se termine obtusement et porte quelques soies.

La deuxième paire de mâchoires est composée de deux simples lames ovales, se couvrant un peu l'une l'autre et garnies à leur sommet de longues soies.

Les pieds-mâchoires sont composés de six articles. Le premier et le second portent chacun latéralement et intérieurement une lamelle garnie de soies, qui s'appuie l'une sur l'autre. Le troisième article est court et robuste ; le quatrième est le plus long de tous et porte du côté interne un grand nombre de soies ; le cinquième, court et gros, porte le sixième et la griffe terminale. Cet article, s'amincissant tout à coup et ayant la faculté de se replier sur le cinquième article, forme une pince. (Pl. 1, Fig. 7.)

La région thoracique présente un caractère distinctif de la région abdominale par la composition des segments qui, ici, se composent de sa partie dorsale, qui forme un arc, et d'une plaque verticale, nommée épimère, qui protège la base des pattes, ainsi que les lamelles branchiales, donnant aussi une limite au courant causé par les pattes natatoires. Ces épimères sont généralement plus développées sur le prothorax que sur le métathorax.

Toutes les pattes de la région thoracique sont composées de six articles. Les deux premières paires, ou pattes préhensiles (Pl. II, Fig. 5), sont à peu près semblables, le premier article est le plus long, il est plus large à son extrémité qu'à sa base ; les deux articles suivants sont très courts et disposés de telle façon à permettre aux articles suivants de se replier en arrière, de manière que le quatrième article s'appuie sur le premier, et le cinquième disparaît sous la plaque épimère. Le quatrième article est très gros et court ; le cinquième est tantôt carré, tantôt triangulaire, portant à l'angle antéro-inférieur un piquant. Quelquefois, chez les jeunes Gammarus puteanus, tout le bord antérieur est garni de petits piquants bifurqués. (Pl. I, Fig. 1, 2, 3, 4.) Cet article porte à son angle antéro-supérieur le sixième article, qui a subi une très grande modification, car il ressemble plutôt à une griffe qu'à un des articles précédents ; il est arqué, le bord supérieur est uniforme jusqu'à l'extrémité de la griffe terminale, mais le bord inférieur présente une pointe à l'articulation de la griffe. Ce dernier article est semblable à la pièce mobile des pinces des crustacés supérieurs, et il remplit la même fonction en s'appuyant sur le bord antérieur de l'article élargi. A son articulation avec celui-ci, l'on voit un prolongement, une apophyse où vient se fixer le grand muscle, étalé en éventail, qui remplit toute la partie inférieure du cinquième article. Une partie de ce muscle se transforme en un tendon ou lame chitinisée, semblable à celle que l'on trouve dans la pince de l'écrevisse. Ce muscle fléchisseur a son antagoniste dans la partie supérieure de l'article, il est long, mais très grêle. (Pl. I, Fig. 1, 2, 3.)

Ces deux paires de pattes préhensiles sont hors d'usage pour la locomotion, vu leur terminaison élargie.

Les deux paires de pattes suivantes (Pl. II, Fig. 4) sont simples. Le premier article, garni de longues soies, est très long ; le second est très court ; le troisième, d'abord étroit à sa base, s'élargit à son articulation avec le quatrième, qui lui est semblable pour la forme, mais il est la moitié plus court ; le cinquième est grêle, et le sixième, portant la griffe terminale, est le plus petit de tous.

Ces pattes sont appropriées pour la marche et sont dirigées en avant. En général, les Gammarides ne marchent pas, ils se couchent sur le côté et nagent dans cette position ou sur le dos ; mais j'ai pu constater que les jeunes Gam. puteanus, de 2-5 millimètres de longueur, ont la faculté de marcher verticalement. (Voir la description de la première forme du Gam. puteanus.)

Les pattes suivantes (Pl. II, Fig. 3), au nombre de trois paires, sont caractérisées par l'article basal, qui est très large et qui semble s'être développé en proportion de la diminution des épimères. Le second article est très court ; le troisième est plus gros, mais moins long que le quatrième, qui est long et grêle, ainsi que le cinquième ; le sixième est très petit. Les pattes de l'abdomen diffèrent totalement de celles du thorax. Les pattes natatoires (Pl. II, Fig. 6) se composent d'un article basal qui, à son extrémité, porte deux branches multi-articulées, chaque article est muni de deux soies composées. Ces pattes, ainsi construites, servent à la natation, mais elles sont plus spécialement employées à produire un courant pour la respiration ; car elles sont toujours en mouvement, quand même l'animal est immobile. Ces trois paires de pattes caractérisent le proabdomen.

Quant au postabdomen, nous avons dit qu'il était composé de quatre segments. Les deux premiers sont munis de pattes qui ne peuvent servir à la marche ; mais vu la faculté qu'a cette partie de l'abdomen de se replier sous le thorax, ces pattes servent de point d'appui pour pousser le corps en avant quand l'abdomen reprend sa position en arrière. C'est par ce moyen que les Gammarides s'enfoncent dans la vase ou le sable, ou avancent lentement au milieu des herbes et des graviers. Ces pattes sauteuses, comme elles sont nommées, ne remplissent pas cette fonction chez le Gammarus puteanus, ni même chez les Gammarus pulex et fluviatilis. Cette qualification n'est juste que pour quelques espèces d'Orchestidæ, par exemple le Talitrus locusta ou saltator, L., qui, au moyen de ces pattes, fait des sauts d'un pied au-dessus du sol. La structure de ces pattes est semblable à celle des pattes natatoires, c'est-à-dire que, comme elles, elles sont composées d'un article basal, muni à son extrémité de deux articles qui divergent. Le troisième segment est dépourvu de pattes, mais il porte sur le dos une paire d'appendices composés d'un seul article. Le quatrième segment, si on peut l'appeler ainsi, porte aussi un appendice d'un à deux articles, dont la longueur varie suivant la taille des sujets. Il se trouve, en outre, un petit appendice à l'articulation postérieure du quatrième segment. Ces appendices, représentant la région postabdominale du Gammarus puteanus, ne peuvent certainement pas être considérés comme des pattes, mais bien comme analogues aux lamelles caudales des crustacés supérieurs.

Les branchies sont fixées sur l'épimère à la base des pattes thoraciques ; elles ne se composent que d'une simple lamelle de forme ovale et complétement dépourvue de soies sur ses bords.

Les pattes thoraciques, ou du moins les cinq premières paires, sont pourvues, chez les femelles, de lames incubatrices munies de longs filaments (Pl. II, Fig. 5 *a*). Ces lames, s'entrecroisant sous la cavité pectorale, forment une poche destinée à recevoir les œufs. Vu cette fonction, qui rappelle le marsupium des Aplacentalia, nous pourrions aussi désigner ces lames comme lames marsupiales. Ces lames sont le seul caractère extérieur qui permette de distinguer les femelles.

Les caractères que présentent les organes intérieurs ont pour notre but moins d'importance que les caractères extérieurs qui seuls ont servi pour créer les différentes espèces de Gammarides ; aussi voulons-nous ne nous y arrêter que brièvement. Immédiatement derrière les lèvres, l'œsophage présente un élargissement qui est l'estomac, muni, comme celui de l'écrevisse, par exemple, de petites pièces chitinisées, garnies de soies destinées à triturer une dernière fois les aliments. Ces soies, rangées en peigne, sont jaunes, comme celles qui garnissent les mâchoires. Derrière l'estomac se trouvent les ouvertures des foies qui se composent de deux paires de tubes, paralèles à l'intestin et se prolongeant jusque dans l'abdomen.

Les testicules se composent chacun d'un tube qui occupe la région thoracique. L'extrémité de ces tubes se termine en une pointe qui finit par être filiforme. Sous le septième segment thoracique se trouvent les ouvertures où aboutissent les deux canaux secréteurs des testicules. Les spermatozoïdes sont proportionnellement très gros et présentent différentes formes, suivant leur développement. En déchirant les testicules, j'ai été frappé de la disposition que prenaient souvent les spermatozoïdes ; au lieu d'être serrés les uns contre les autres, ils s'étalaient en éventail plus ou moins ouvert, chaque spermatozoïde formant un rayon, ayant toujours le gros bout, ou la tête, tourné vers le centre. Je ne sais s'il y a un lien quelconque qui les maintient ainsi, ou si ces extrémités peuvent se crocher les unes aux autres ; mais le fait est que leur liaison est très grande. Ces faisceaux ne se forment que quand une cellule spermatique a crevé, nous montrant ainsi le grand nombre de spermatozoïdes qu'elle contenait. Chacun de ces faisceaux est composé de trente à quarante spermatozoïdes.

Les ovaires occupent la même place que les testicules ; ils sont longs et étroits et ont leur débouché, au moyen d'un canal transversal, à la base de la lame incubatrice de la cinquième paire de pattes thoraciques.

La circulation du sang est très facile à voir, vu la transparence du dermo-squelette, du moins chez le Gammarus puteanus. Le cœur, qui s'étend depuis le premier segment thorachique au cinquième environ, est situé au-dessus du canal intestinal : sa forme est celle d'un tuyau muni à chaque segment qu'il traverse d'une ouverture à valvule. Dans la région abdominale et même dans les membres, on peut suivre les corpuscules du sang. Le cœur bat avec une telle vitesse qu'il est difficile de reconnaître dans son voisinage la forme des corpuscules : mais dans les branchies, où la marche est plus lente, il est facile de distinguer leur forme ovale ou fusiforme.

Une lamelle branchiale contient dans son milieu une masse composée de petites cellules ; cette masse est compacte chez les sujets morts : chez ceux qui sont en pleine vie, elle n'est pas homogène, mais forme des massifs entre lesquels sont de nombreux passages que parcourent les cellules du sang. Ces passages ne sont pas limités, c'est-à-dire, ne sont pas fermés par une membrane ; ils ne forment pas de canaux, car j'ai souvent remarqué qu'une cellule du sang était arrêtée dans sa marche par les aspérités irrégulières de ces passages et que subitement une cellule de ces massifs se détachait et était entraînée par le courant ; cette cellule ne présentait aucune différence d'avec celles du sang. En ôtant la vie à l'animal, la circulation se ralentit, les cellules s'arrêtent dans les passages, les obstruent, et au derniers battement du cœur, les dernières cellules en circulation finissent de remplir le passage, de sorte qu'au moment de la mort l'intérieur de la branchie présente une masse compacte, dont toutes les parties sont semblables et où l'on ne peut plus distinguer ce qui auparavant était massif et passage. En écrasant la branchie de manière à diviser cette masse, l'on ne voit que des cellules semblables, ce qui me fait supposer que les massifs qui se trouvent chez l'animal vivant, ne sont composés que de cellules du sang, qui séjournent plus ou moins longtemps dans les branchies pour reprendre ensuite leur course, faisant toujours place à celles qui s'arrêtent. Cet arrêt des corpuscules du sang est très probablement nécessaire pour la régénération du sang ou pour l'absorption de l'oxygène.

CHAPITRE II

Considérations générales
sur le Gammarus puteanus. Koch.

Les circonstances qui m'ont amené au résultat que j'ai déjà indiqué dans l'introduction sont les suivantes.

Durant l'été de 1874, ayant fait des dragages dans les profondeurs du lac de Neuchâtel, qui me procurèrent des Gammarides aveugles, je voulus, pendant mon séjour à Munich, les comparer avec le Gammarus puteanus et en même temps déterminer un sujet gigantesque que je trouvai, il y a plusieurs années, dans l'eau d'un puits de Neuchâtel. Pour cela, M. de Siebold eut l'obligeance de me confier tous les Gammarus puteanus qu'il possédait, et me remit les ouvrages concernant ce crustacé.

Le premier résultat obtenu fut que les Gammarus de la collection de M. de Siebold présentaient deux formes, différant par la taille, par la forme du cinquième article des pattes préhensiles et par la longueur des appendices abdominaux. Les Gammarus du lac de Neuchâtel étaient semblables à l'une des formes, et le sujet unique ne correspondait ni à l'une ni à l'autre, de sorte que je considérai d'abord celui-ci comme une espèce distincte, et les deux formes plus petites comme dépendantes du sexe, mais appartenant à l'espèce puteanus.

Ayant appris par M. de Siebold que ses Gammarus provenaient d'un puits de Munich même, qu'il est bon de faire connaître (jardin de l'École d'anatomie, Schiller-Strasse), je m'y rendis aussitôt, muni d'un sac en gaze que je fixai au tuyau de la pompe, ayant soin que le fond du sac plongeât dans un vase plein d'eau ; précaution nécessaire afin de diminuer la chute et la pression de l'eau, qui sans cela mutilerait tellement ces petits animaux que l'on n'obtiendrait que des cadavres. Ayant pompé quelques minutes seulement, je me trouvai en possession d'une vingtaine de Gammarus petits et gros, en compagnie d'Asellus aveugles.

Je retournai souvent à ce puits fortuné, et chaque fois je revins avec une ample provision de ces crustacés.

Les Gammarus que je me procurai ainsi étaient de tailles différentes, variant de 2 à 18 millimètres, mais ceux qui mesuraient de 2 à 8 millimètres étaient de beaucoup les plus nombreux. Ayant ainsi à ma disposition un nombre considérable d'individus vivants, et sachant la source inépuisable, je me mis, sans crainte de manquer de matériaux, à l'étude des différentes parties du corps de ces Gammarus, et je reconnus d'abord cinq formes différentes, chaque forme ayant une taille différente et possédant les caractères sexuels.

Consultant alors la littérature et les planches, je trouvai la première forme, c'est-à-dire la plus petite, décrite et figurée par M. Spence Bate in the Natural History Review et dans le Catalogue of the Specimens of Amphipodous Crustacea in the British Museum, sous le nom de Crangonix subterraneus, S. Bate. La seconde forme, décrite et figurée par le même auteur dans les mêmes publications, porte le nom de Niphargus Kochianus, S. Bate.

Je ne sais jusqu'à quel point l'on peut se fier aux planches de M. S. Bate. Quant au dessin du Niphargus Kochianus, S. Bate dit lui-même que les appendices abdominaux du dernier segment manquaient, mais ceux du troisième ou avant-dernier manquaient aussi, non pas seulement à cette espèce, mais aussi au fontanus de la Revue et au puteanus du Catalogue.

La troisième forme est représentée par Caspary et par Hosius qui n'ont donné que la région postabdominale. Ces auteurs lui ont gardé le nom de puteanus. La quatrième forme est le Niphargus fontanus, S. Bate, et la cinquième est le Nyphargus stygius de Schiödte, le Gammarus puteanus de la Valette, Saint-George et de Félix Plateau.

Quant aux deux dessins que Koch a donné du puteanus, ils sont trop petits pour que l'on puisse faire une comparaison exacte : cependant ils correspondent assez aux deux dernières formes. Ainsi je possédais tous les Gammarus des eaux souterraines, savoir : cinq formes déjà connues, plus celle provenant de Neuchâtel, que je ne trouvai nulle part mentionnée. Le fait, que j'avais trouvé dans un seul puits toutes les formes ou espèces, même celles qui n'avaient été observées qu'en Angleterre, me parut singulier, même plus que l'abondance des espèces. Cependant j'avais de grands doutes sur le fait que j'avais affaire à des espèces et ne trouvant nulle part mentionnée le développement de ces crustacés, je me mis à chercher parmi tous les Gammarus de petite taille, une forme semblable à celle des Gammarus de grande taille. N'en trouvant pas, mes doutes cessèrent pour faire place à une hypothèse qui, à son tour, fit place à la vérité. Les cinq Gammarus ne sont point des espèces, mais des degrés différents du développement d'une seule espèce, le Gammarus puteanus de Koch. Si, parmi une centaine d'individus que j'examinai, je ne trouvai pas une seule forme de la petite taille, semblable à celles de taille plus grande, il est évident que le Gammarus de petite taille, avec sa forme caractéristique, est l'état jeune des formes suivantes. Sinon, d'où proviennent les Gammarus de grande taille ? Il m'était bien facile d'avoir la preuve la plus certaine de ce fait en observant la mue de ces animaux. J'isolai, pour plus de sûreté et pour obtenir un résultat plus positif, un certain nombre de Gammarus de toutes les tailles, mais surtout de petite taille, car ceux de grande taille périssaient trop facilement. Chaque sujet était dans un vase à part, afin qu'à la mue je pus faire la comparaison entre l'ancienne enveloppe et la nouvelle et constater si le Gammarus qui venait de muer avait subi des changements de forme.

Un premier résultat ne se fit pas longtemps attendre : un petit sujet de 4 millimètres avait mué pendant la nuit, son ancienne enveloppe chitineuse était au fond du vase et avait encore conservé toutes ses formes; les pattes préhensiles étaient bien celles qui caractérisent les plus jeunes Gammarus puteanus, c'est-à-dire ceux qui mesurent 2 à 4 millimètres. Examinant ensuite le résultat de la mue sur le sujet réel, je constatai qu'il avait grossi d'un millimètre et que le cinquième article de ses pattes préhensiles n'était plus ce qu'il était auparavant. Il avait pris les caractères de la seconde forme, c'est-à-dire du Niphargus Kochianus, S. Bate. Quelques jours plus tard, j'obtins encore une mue, mais d'un sujet plus grand, appartenant à la quatrième forme et qui prit les caractères de la cinquième. Ainsi il n'y a plus de doute à avoir sur le développement de ce crustacé; les six formes qu'il nous présente ne sont que les différents degrés de son accroissement.

Tous les Gammarus que j'examinai, même ceux de la plus petite taille, étaient déjà adultes, possédant les parties génitales parfaitement développées. Cette maturité précoce, alors que l'animal n'a pas atteint le dixième de la taille à laquelle il peut parvenir, est comparable, par exemple, au jeune saumon qui, à la taille de 6 pouces, est déjà adulte, mais peut se développer jusqu'à la taille de 5 pieds en prenant des formes caractéristiques suivant son âge.

Le Gammarus puteanus peut être considéré comme une espèce dont le développement, la croissance est illimitée et dépendent uniquement des circonstances de vie plus ou moins favorables que les lieux qu'elle habite lui fournissent. Habitant les eaux souterraines et les eaux profondes de nos lacs, notre crustacé est à l'abri des influences caloriques; la température reste la même en été comme en hiver. Après les froids que nous eûmes à la fin de l'année 1874, je mesurai, après une fonte de neige assez considérable, la température de l'eau du puits et lui trouvai 7°, température égale à la température invariable des caves profondes. Dans ces eaux, du moins dans les eaux souterraines, il ne s'est jamais trouvé de poisson, donc point d'ennemis qui dévorent nos Gammarus. Du fait de l'absence de poissons, nous pouvons affirmer l'absence aussi de parasites, tels que Echinorhynchus, qui par contre abondent dans les Gammarus pulex et fluviatilis. Le seul parasite que j'ai trouvé, habitant le canal intestinal, est une forme de Grégarine; mais je ne l'ai trouvé que très rarement. Mais dans les eaux du puits de Munich je trouvai une quantité incroyable de petits organismes, qui trahissaient leur présence par leurs mouvements oscillatoires et qui doivent être très dangereux pour les autres habitants de ce puits. Autant que j'ai pu en juger, ce sont des Bactères, qui, introduits avec l'eau dans l'organisme du Gammarus, passent dans le sang, où ils se multiplient de manière à gêner et finalement à arrêter la circulation. Je les ai observés plusieurs fois remplissant les membres et les branchies, où ils oscillent encore longtemps après la mort du Gammarus. La nourriture, qui est la cause essentielle de la croissance, ne manque pas, car tous les exemplaires en sortant du puits avaient l'intestin bien garni de matière, qui, vue au microscope, renfermait des débris de Navicelles et surtout des articles de membres de l'Asellus.

Le Gammarus puteanus doit certainement être un ennemi redoutable pour cet Asellus. En captivité même, je vis à plusieurs reprises un Gammarus saisir un Asellus et le dévorer tout en nageant.

Dans ces circonstances, moins cependant la présence des Bactères, il est probable que notre crustacé doit pouvoir se développer à son maximum. Ce maximum quel est-il ? Les plus grands exemplaires que je trouvai à Munich mesuraient 18 millimètres, taille déjà considérable et qui ne se rencontre que rarement. La forme est celle du stigius. Mais dans un puits de Neuchâtel, qui fournissait des exemplaires de tailles inférieures, je trouvai un sujet dont la longueur du corps mesurait environ 33 millimètres. La longueur totale, depuis l'extrémité des antennes à celles des appendices abdominaux, mesurait environ 85 millimètres. Cette taille, colossale pour un Gammaride, doit donc être considérée comme le maximum auquel peut arriver l'espèce puteanus. Ce sujet n'avait certainement pas passé directement de la taille de 18 millimètres à celle de 33 millimètres ; il restait donc cette lacune à combler pour avoir la suite complète du développement, et ne réussissant en pompant qu'à obtenir la même forme de 18 millimètres, je dus chercher un autre moyen de me procurer de plus gros sujets, n'ayant aucun doute sur leur existence, puisque j'en avais la preuve entre les mains ; mais je m'expliquai leur non-apparition en pompant, soit à cause de la résistance qu'ils pouvaient opposer au courant ou à la force aspirante, soit que dans ce puits les circonstances de vie ne leur permettaient pas d'atteindre une taille plus grande. Les puits pouvant s'ouvrir, je descendis un filet en toile, un fond de sac dans lequel je fixai un poisson en décomposition. Au bout de 24 heures, je retirai le tout et je ne vis dans les puits des deux localités Munich et Neuchâtel que des sujets dont le maximum ne dépassait pas 18 millimètres. Ainsi, le sujet pris à Neuchâtel et mesurant 33 millimètres, reste un phénomène ; mais il est certain que les formes intermédiaires doivent exister.

Le Gammarus puteanus fut d'abord trouvé dans l'eau provenant de puits. Plus tard, Schiödte le découvrit dans les grottes de la Carniole ; M. le prof. Forel le trouva, il y a deux ans, dans les eaux profondes du lac Léman, et je le trouvai également dans le lac de Neuchâtel. Le nom de puteanus lui reste, il est impossible de changer un nom si connu, quoique maintenant il ne soit plus de la même exactitude.

Sa répartition géographique est jusqu'à présent peu connue, elle s'étend aux Iles Britanniques, à la France, à l'Allemagne et à la Suisse. Il serait curieux de connaître aussi la distribution géographique des espèces pulex et fluviatilis, et de vérifier si partout où ces deux formes apparaissent, le puteanus s'y trouve aussi, puis de dépasser la limite occupée par les deux espèces habitant les eaux superficielles, et de voir si le puteanus se trouve encore. Il est plus que probable que, dans ce dernier cas, on ne le trouvera pas. Hosius, dans sa description des Gammarus des environs de Bonn, compare les trois espèces entre elles et trouve certain rapport entre le puteanus et l'espèce pulex, c'est-à-dire celle qui n'a

4

pas d'épines sur l'arc dorsal des segments abdominaux. [1] Il est probable, en effet, que le puteanus ne soit qu'une modification de cette espèce, causée par un séjour prolongé dans les eaux obscures, séjour qui par la suite est devenu normal.

Dans une contrée où il y a un lac, nous pouvons distinguer le fond du lac, la rive et le terrain avoisinant, ou la plaine, comme formant trois zones habitées par les Gammarus. Dans les eaux peu profondes habitent le pulex et le fluviatilis, et dans les eaux profondes et souterraines habite le puteanus, bordant ainsi à droite et à gauche les deux autres espèces. Les puteanus des eaux profondes sont identiques à ceux des eaux souterraines, quoique séparés par les eaux de la rive, dans lesquelles aucun puteanus n'a été observé.

Cette identité est intéressante et permet d'émettre deux hypothèses. Le lac, à la profondeur à laquelle la lumière cesse de pénétrer, c'est-à-dire à une profondeur de 40 à 50 mètres, possède déjà un fond limoneux d'une certaine épaisseur, qui intercepterait toute communication entre les eaux profondes et les eaux souterraines. Mais cette couche de limon n'existe pas, là où jaillit une source. Cette eau vient évidemment des eaux souterraines, ce qui permettrait une communication. Dans le cas contraire, nous trouvons incontestablement des possibilités de pénétrer depuis la rive dans les eaux souterraines, soit à travers les galets, les graviers, soit en suivant les strates marneuses dénudées, etc., et alors nous pouvons considérer les puteanus du lac et ceux des eaux souterraines comme dérivant d'une même forme, du Gammarus pulex qui habite la zone médiane; les uns s'adaptant aux eaux profondes, les autres aux eaux souterraines, se sont trouvés dans les mêmes conditions, les mêmes circonstances de vie, d'où une diminution égale des organes visuels et une augmentation des organes olfactifs et quelques différences dans la forme de quelques parties des membres et des appendices abdominaux. L'existence du Gammarus puteanus dans les grottes de la Carniole semble contredire cette descendance. Ne pouvant lire la langue dans laquelle Schiödte décrit la faune souterraine, je trouvai dans le Tagesberichte über die Fortschritte der Natur, von Dr R. Froriep, une traduction du travail de Schiödte, qui m'apprit que l'eau qui forme les lacs de la grotte provient d'un petit ruisseau qui a sa source hors de la grotte et qui, dans son cours suppérieur, est peuplé de Gammarus pulex et fluviatilis.

L'apparition du Gammarus puteanus dans les grottes de Carniole est certainement fort intéressante et, localisée comme elle l'est, l'identité dans les formes est encore plus surprenante. Une même diminution des yeux et augmentation de l'odorat s'expliquent par les circonstances de vie, mais une forme semblable des pattes et des appendices abdominaux semble nous indiquer que la variabilité de cette espèce est déjà tracée d'avance et qu'elle ne peut sortir de ce plan.

Devons-nous laisser notre crustacé dans le genre Gammarus ou dans le genre Niphargus? Schiödte,

[1] Nos deux espèces pulex et fluviatilis sont dans un tel état de confusion que l'on ne sait plus lequel est pulex et lequel est fluviatilis. La confusion vient de Koch et fut augmentée par Milne Edwards et Spence Bate, qui ont considéré Koch comme seule autorité à consulter. Fabricius et Rösel sont les auteurs qui ont donné un nom à ces deux Gammarus. Fabricius nomma pulex l'espèce dont l'abdomen est uni; et Rösel nomma fluviatilis l'espèce dont l'arc dorsal des segments abdominaux se termine en épine et non pas le contraire.

qui est l'auteur du genre Niphargus, le caractérise de la manière suivante : « Oculi nulli. Antennæ
» superiores inferioribus longiores, flagello appendiculari minuto, biarticulato. Pedes ultimi paris stylo
» interiori brevissimo, exteriori valde elongato, biarticulato. »

Schiödte a trouvé, en effet, les caractères distinctifs du Gammarus puteanus, mais ont-ils assez de
valeur pour que l'on puisse fonder là-dessus un genre nouveau ? Les tigelles appendiculaires des espèces pulex et fluviatilis sont composées de trois articles ; celles du puteanus, depuis la première à la
cinquième forme, n'en ont plus que deux, et chez le sujet de 33 millimètres, ces tigelles n'apparaissent
plus que comme de simples épines. Ce caractère me semble être seulement spécifique et variable suivant l'âge et la taille. Les derniers appendices abdominaux sont dans le même cas, car chez la forme
Crangonix ils sont courts, semblables à ceux du pulex, puis, restant toujours composés de deux articles,
ils augmentent en longueur et en épaisseur jusqu'à la cinquième forme, qui perd alors en épaisseur.
Ces pièces permettent de reconnaître à quel degré de développement est arrivée l'espèce, et n'ont pas
d'autre valeur.

Nous replacerons donc le puteanus dans son ancien genre Gammarus, et les genres Niphargus et
Crangonix tombent, faute d'espèces.

Les six tailles du Gammarus puteanus sont principalement caractérisées par le développement des
appendices abdominaux, et en second lieu par la forme du cinquième article des pattes préhensiles ;
celles-ci ne varient pas cependant pour chaque taille, mais une forme persiste pour deux tailles, excepté pour la première, qui possède des pattes préhensiles caractéristiques.

Vu la difficulté qu'il y a de garder ces crustacés longtemps en vie, je n'ai pu constater que quelques mues, et je ne sais si chaque mue a pour résultat un changement de forme, ou si plusieurs mues
ont lieu sous la même forme.

Le Gammarus puteanus ne présente pas extérieurement de caractères sexuels, à l'exception cependant des lames incubatrices : chaque forme se trouve être soit mâle soit femelle, mais ce dernier sexe
est pour ainsi dire très rare ; le nombre proportionnel étant environ 20 %, ce qui est étonnant, vu
l'abondance de sujets. Aucune femelle ne portait des œufs, ce qui me ferait supposer qu'en hiver la
reproduction est arrêtée ; mais par contre, l'apparition toujours constante, durant trois mois, de petits
Gammarus mesurant 2 millimètres, ne permet pas d'admettre qu'ils soient de la même génération.
La température étant la même en hiver qu'en été, la reproduction pourrait se continuer, et les femelles
porteuses d'œufs doivent alors se tenir à l'abri dans la vase et les détritus de nature diverse qui remplissent le fond de ces puits.

Avant de donner la description des différentes formes du Gammarus puteanus, il me reste encore
une remarque à faire à l'égard des différentes tailles. Nous distinguons six formes caractérisées par le
développement des deux derniers appendices abdominaux ; ces formes, minutieusement mesurées, n'ont
pas une limite strictement déterminée, surtout chez les inférieurs. Ainsi, la première forme mesure

2 à 4 millimètres, et la seconde 3 à 5 ; il se présente un empiètement d'une forme sur une taille qui n'est que le résultat de la variabilité du développement.

DESCRIPTION DES SIX FORMES DU GAMMARUS PUTEANUS

PREMIÈRE FORME (Pl. II, Fig. 1).

Gammarus minutus. GERVAIS. N° 2.
Crangonix subterraneus. S. BATE. N° 8.[1]

Cette forme, qui mesure 2 à 4 millimètres, est la plus petite que nous ayons trouvée. et la taille de 2 millimètres est probablement celle de l'embryon sorti de l'œuf depuis peu de temps. car il ne s'en est jamais trouvé de plus petites, qui, si elles vivaient librement, auraient été aussi entraînées par la force aspirante de la pompe. Cette forme présente autant de femelles que de mâles ; les premières sont reconnaissables seulement par les lames incubatrices, tandis que les ovaires étaient toujours rudimentaires quand il m'arrivait de les découvrir. Les mâles, par contre, ont les testicules déjà développés et contiennent des cellules mûres qui fournissent en abondance des spermatozoïdes. Ainsi. les mâles semblent être adultes avant les femelles.

Cette forme est celle que j'ai observée marchant verticalement ; pour cela, les pattes préhensiles se replient sous la cavité que forment les deux premiers segments thoraciques ; les deux paires de pattes suivantes s'étendent en avant et les pattes métathoraciques s'écartent à droite et à gauche. De cette manière, cette petite forme se promène lentement, longeant les parois du vase dans lequel elle est enfermée.

Les caractères que présente le postabdomen, sont la longueur des appendices du troisième segment qui, couchés en arrière, atteignent presque l'extrémité du premier article des appendices du quatrième segment ; puis le peu de développement des appendices du quatrième segment. qui ne dépassent pas, ou dépassent à peine l'extrémité des deux paires de pattes sauteuses.

Les cinquièmes articles des deux paires de pattes préhensiles sont très caractérisés par leurs formes dissemblables. Celui de la première paire (Pl. I, Fig. 1) est court, carré ; celui de la seconde paire (Pl. I, Fig. 2) est allongé, de forme triangulaire. Le bord antérieur de cet article, chez les deux paires de pattes, est garni sur toute sa longueur d'un rang de petits piquants à deux pointes. Le bord inférieur est garni de quelques faisceaux de soies, dont le nombre est constamment inférieur à celui des faisceaux qui garnissent les articles des formes suivantes.

[1] Ces numéros coïncident avec ceux de la tabelle de la littérature.

— 29 —

IIe FORME (Pl. II, Fig. 2).

Niphargus Kochianus. S. Bate. N° 8.

La seconde forme ne présente qu'une petite modification de la première en ce qui concerne les appendices abdominaux. Ceux du troisième segment sont plus robustes que ceux de la première forme, et leur proportion à l'égard du premier article des appendices du quatrième segment n'est plus la même, c'est-à-dire qu'il s'est considérablement développé et qu'il dépasse l'extrémité des deux paires de pattes sauteuses. Le second article de ces appendices reste encore dans le même état. Quant aux pattes préhensiles, leurs cinquièmes articles sont semblables entre eux et présentent, pour ainsi dire, une forme contraire à celle de la première forme (Pl. I, Fig. 3). Le bord antérieur est convexe; les petits piquants à deux pointes, qui caractérisent la première forme, ont ici complétement disparu, pour faire place à un plus grand nombre de soies. Le bord inférieur est garni généralement de quatre faisceaux de soies. Cette forme mesure 3 à 6 millimètres.

IIIe FORME.

Gammarus puteanus. Koch. N° 3.
    »   *puteanus.* Koch. N° 5.
Niphargus fontanus. S. Bate. N° 8.

Cette forme mesure 5 à 8 millimètres et se distingue de la précédente par les appendices du troisième segment postabdominal, qui sont courts, égaux en longueur au quatrième ou dernier segment. Cette forme se distingue, en outre, par un plus grand développement du premier article des appendices terminaux et par la présence de petits appendices supplémentaires fixés à l'articulation du quatrième segment avec le premier article des appendices abdominaux. Les pattes préhensiles sont semblables à celles de la forme précédente. Le second segment postabdominal porte latéralement une épine.

IVe FORME (Pl. III, Fig. 1).

Gammarus puteanus. Koch. N° 1.

Les caractères de cette forme consistent toujours en un plus grand développement des appendices abdominaux. Ceux de l'avant-dernier reprennent leur forme primitive; ils sont grêles et longs. Les

appendices supplémentaires se sont développés, le premier article des appendices terminaux s'est considérablement allongé, et le second commence à se modifier. Le cinquième article (Pl. I, Fig. 4) des
pattes préhensiles de cette forme a subi une métamorphose : au lieu d'être convexe antérieurement, ce
bord-là rentre beaucoup, forme un angle très arrondi avec le bord inférieur, qui est très court. Les
faisceaux de soies, qui garnissent ce bord inférieur, sont au nombre de dix. Le second segment postabdominal porte latéralement trois épines. Longueur, 8 à 14 millimètres.

Vᵉ FORME.

Gammarus puteanus. Koch. Nº 1.
     »   »   DE LA VALLETTE-SAINT-GEORGE. Nº 6.
     »   »   Félix Plateau. Nº 10.
Niphargus stigius. Schiödte. Nº 4.

Cette forme, qui mesure 12 à 18 millimètres, est la plus grande des tailles que l'on trouve habi-
tuellement. Les appendices du troisième segment postabdominal dépassent en longueur le quatrième ou
dernier segment. Les appendices supplémentaires se sont peu développés, mais les appendices terminaux ont acquis une longueur considérable, surtout le second article, lequel jusqu'ici ne s'était pas
modifié d'une manière sensible. La longueur totale de ces appendices égale à peu près les deux tiers
du corps de l'animal. Les pattes préhensiles sont semblables à celles de la forme précédente, et les
épines du second segment postabdominal restent en même nombre.

VIᵉ FORME (Fig. en titre).

Cette forme n'est connue que par un seul exemplaire que je trouvai dans l'eau d'un puits de Neuchâtel. Je remis cet exemplaire à M. le prof. Godet, qui le dessina très exactement dans le Bulletin de
la Société d'histoire naturelle de Neuchâtel, 1872, et le déposa ensuite dans la collection du Musée.
M. de Siebold, à la vue du dessin, fut frappé de la forme et surtout de la taille de ce Gammarus, et
désirant voir l'original, j'envoyai cet Unicum à M. de Siebold, qui le conserve actuellement dans la
collection de Munich.

Cette forme, qui mesure 33 millimètres, est probablement le maximum auquel peut atteindre le
Gammarus puteanus. Les formes et les tailles intermédiaires depuis 18 millimètres me manquent, et
si je considère la taille de 33 millimètres comme étant le résultat d'un développement toujours pro-

gressif. cela vient de ce que, dans le puits qui m'a fourni cette taille, les autres tailles et formes inférieures abondaient, mais ne présentaient jamais les caractères de cette forme gigantesque. La longueur
des antennes supérieures, la disparition presque entière des tigelles appendiculaires, le peu de développement des antennes inférieures, sont les caractères distinctifs que présente la tête. Les pattes préhensiles ont la même forme que celles des deux formes précédentes. Les appendices du troisième segment postabdominal manquent complétement : les appendices terminaux n'en portent point de supplémentaires, ils sont très longs et ont le même aspect que ceux de la forme précédente.

DESCRIPTION

DE

L'ASELLUS SIEBOLDII. ROUGEMONT

Dans la collection de M. de Siebold je trouvai un certain nombre d'Asellus de petite taille, provenant du puits de l'Anatomie et portant sur l'étiquette le nom d'Asellus puteanus, nom que M. de Siebold avait provisoirement donné, vu la provenance de ces Isopodes. D'un autre côté, M. Forel, de Morges, avait envoyé à M. de Siebold un exemplaire d'Asellus provenant des eaux profondes du lac Léman, ce qui me permit de faire une comparaison et de reconnaître son identité avec les Asellus de Munich. Curieux de connaître ce crustacé, je collectionnai tous ceux que je trouvai, lorsque je pompais au puits pour me procurer des Gammarus puteanus.

Cette espèce diffère de l'Asellus aquaticus, et malgré mes recherches dans la littérature, je ne l'ai trouvée nulle part décrite. Cependant, en consultant le 6ᵉ vol. des Verhandlungen des naturhistorischen Vereins der preussischen Rheinlande und Westphalen, dans lequel le Dᵣ Caspary décrit et figure une forme du Gammarus puteanus Koch, je trouvai sur la planche du Gammarus un dessin assez exact de l'Asellus en question. Le texte qui accompagne la figure est signé Fuhlrott. Il ne fait que mentionner l'existence d'un crustacé vivant en compagnie du Gammarus puteanus dans les puits d'Elberfeld. « L'animal, dit-il, à 1¹⁄₂ à 2¹⁄₂ lignes de longueur. Sa couleur est blanche, plus ou moins transparente, « à l'exception du canal intestinal qui, par son contenu brun-jaunâtre, apparaît comme un tuyau cylin- « drique dans la ligne médiane du corps. Il se compose, outre la tête et la queue, de sept anneaux, « chacun pourvu d'une paire de pattes. Sur la tête se trouvent deux paires d'antennes articulées et « inégales, dont la plus longue atteint l'extrémité du corps. C'est en vain que j'ai cherché les yeux. « Sous la tête, l'on aperçoit un faisceau d'organes masticateurs, articulés, qui recouvrent la bouche et « dont le nombre m'est inconnu. Dans le dessin, ils sont inexactement représentés sur les côtés de la

» tête. Les pattes ont six articles, si l'on considère comme premier article la lamelle carrée à laquelle
» ou sous laquelle elles sont fixées. La queue possède deux appendices articulés et bifurqués que j'ai
» observés seulement sur un petit nombre d'exemplaires. Vu l'exceptionnelle délicatesse de ces ani-
» maux, les extrémités se cassent facilement et je suppose que les exemplaires que j'ai remarqués dé-
» pourvus des appendices de la queue, les avaient perdus par la manipulation, à moins que ce ne soit
» un caractère sexuel.

» D'après la division des crustacés par Milne Edwards, notre animal appartient, sans aucun doute,
» à l'ordre des Amphipodes et à la famille des Crevettines. Cette famille se subdivise en deux sous-
» divisions : les sauteurs et les marcheurs. D'après les appendices abdominaux, que l'on peut considérer
» comme les organes du saut (pattes sauteuses), notre animal est un sauteur : son corps déprimé et la
» manière dont il se promène lentement sur le fond du vase dans lequel il est gardé, correspond
» davantage aux caractères des marcheurs. Ne trouvant dans la diagnose des genres d'Amphipodes de
» Milne Edwards aucun genre qui corresponde à notre animal et ne possédant pas d'ouvrage spécial sur
» les crustacés, je laisse la détermination incomplète, avec la remarque que je ne considère ma présente
» communication que comme une indication provisoire. »

Depuis cette description, certainement bien insuffisante, de Fuhlrott, je ne vois nulle part que cette
espèce ait été remarquée et décrite plus complétement.

Oubliée, elle ne l'était pas. M. de Siebold la connaissait depuis 1855 ; mais le temps et des recherches plus importantes l'empêchaient de faire connaître cette espèce, et si aujourd'hui notre Asellus
aveugle voit les ténèbres s'éclaircir à son sujet, c'est grâce à M. de Siebold, qui me fit connaître cette
espèce et me remit le soin de la décrire. Aussi notre Asellus porte-il le nom de Sieboldii, en souvenir
de son conservateur et comme témoignage de ma reconnaissance pour la confiance que M. de Siebold
a eu en mon travail.

Le Dr R. Wiedersheim [1] mentionne notre Asellus comme habitant les grottes de Falkenstein, dans
lesquelles le Dr Meinert en collectionna un certain nombre qu'il remit à M. le prof. Schiödte, qui devait
donner une description de cet Asellus dans la Naturhistorisk Tiddskrift. Cette communication devait
avoir lieu en 1871, et l'Asellus devait porter le nom de cavaticus, nom aussi impropre pour
notre Asellus que celui de puteanus pour le Gammarus, vu que cet Asellus est aussi répandu que le
Gammarus, c'est-à-dire qu'il habite aussi bien les grottes de Falkenstein que les puits et les eaux profondes de nos lacs, comme le prouvent les exemplaires trouvés par M. le prof. Forel, de Morges, dans
les eaux profondes du lac Léman. Malgré mes recherches dans la Naturhistorisk Tidsskrift des années
1871, 72, 73 et 74, je ne trouvai aucune description de cet Asellus. Leydig, dans une lettre adressée

---

[1] Verhandlungen der Physical-Medicin Gesellschaft in Würzburg. IV B. 4. Heft. 1873.

au Dr Wiedersheim, mentionne la figure de cet Asellus, donnée par Fuhlrott sur la même table que le Gammarus puteanus figuré par Caspary, sans parler d'une nouvelle description donnée par Schiödte, quoique Leydig appelle cet Asellus cavaticus, d'après Schiödte.

Si le nom de cavaticus n'est que provisoirement donné, il ne peut être considéré comme synonyme de l'Asellus Sieboldii, nom qui lui reste, vu que c'est M. de Siebold qui, après Fuhlrott, a connu ce crustacé d'après quelques sujets trouvés à Ratisbonne, en l'année 1855.

Possédant un certain nombre d'Asellus aquaticus et ayant à ma disposition l'ouvrage de O. Sars, l'Histoire naturelle des crustacés d'eau douce de Norvége, dans lequel se trouve une description très exacte de l'Asellus aquaticus, accompagnée de planches qui ne laissent rien à désirer pour l'exactitude, la description de notre Asellus se trouve facilitée, car ainsi j'ai la possibilité de comparer chaque pièce et de faire ressortir plus facilement les caractères distinctifs de notre Asellus provenant des eaux souterraines, d'avec celui qui peuple les eaux superficielles. L'Asellus Sieboldii ne peut faire naître des doutes quant à la place qu'il doit occuper. Son corps très déprimé, presque plat, ses deux paires d'antennes multiarticulées, dont la paire inférieure est très longue, la première paire de pattes préhensiles, et les appendices abdominaux longs et bifurqués, le rapprochent tellement de l'Asellus aquaticus, que longtemps je fus indécis de considérer cette forme comme espèce ; cependant, l'absence des organes visuels, le très grand développement des baguettes olfactives, les proportions du corps et d'autres caractères particuliers permettent de regarder cette forme comme espèce, occupant vis-à-vis de l'aquaticus une place semblable à celle du Gammarus puteanus vis-à-vis du Gammarus pulex.

La longueur du corps de ce crustacé ne s'est jamais trouvée dépasser 5 millimètres, et sa largeur va un peu plus de quatre fois dans la longueur. La largeur de l'Asellus aquaticus, à son quatrième segment, va un peu plus de trois fois dans sa longueur. Ces mesures nous permettent déjà de distinguer les deux espèces. L'Asellus Sieboldii est passablement plus allongé que l'aquaticus. Sa largeur est la même de la tête à l'abdomen, tandis que l'aquaticus forme un ovale.

Nous distinguons à notre Asellus les trois régions principales, savoir la région céphalique, thoracique et abdominale. A la première appartient la tête, composée, comme celle de tous les Amphipodes, d'un ou de plusieurs segments soudés les uns aux autres. Elle porte, comme celle de l'aquaticus, moins les yeux, deux paires d'antennes superposées et les pièces de la mastication.

Les antennes supérieures, qui sont les plus courtes, sont chacune portées sur un pédoncule composé de trois articles portant des soies tactiles et vibratiles. La tigelle est garnie de cinq à sept longs cylindres olfactifs, isolés sur les derniers articles. Le dernier en porte quelquefois deux. Ces cylindres sont composés de la même manière que ceux des Gammarides : ils sont portés sur un pédoncule et renferment une matière granuleuse dans un canal qui aboutit à l'extérieur. Mais ce que ces cylindres présentent de plus intéressant, c'est la différence de longueur, comparée à celle des cylindres de l'Asellus aquaticus, qui chez celui-ci arrivent à peine au tiers de la longueur de l'article suivant, tandis que chez notre Asellus ils dépassent de beaucoup l'article suivant. Cette différence considérable provient, comme nous l'avons déjà dit à l'égard du Gammarus puteanus, de l'absence des yeux. Cette forme étant privée des organes visuels, caractère provenant du séjour dans les eaux souterraines, les organes oifactifs, devenus indispensables, ont pris, vu leur continuel emploi, des proportions plus grandes et se sont développés jusqu'au point nécessaire, capable de compenser la perte de la vue. Les antennes inférieures, composées chacune d'un pédoncule à cinq articles et d'une tigelle égale à la longueur du corps, ne diffèrent pas de celles de l'Asellus aquaticus. Ces antennes se cassent très facilement et régulièrement à la même place, c'est-à-dire au troisième article du pédoncule. Cette excessive délicatesse de notre Asellus, que Fuhlrott mentionne aussi, n'existe pas chez l'Asellus aquaticus. Celui-ci peut être manipulé à l'aise, sans qu'aucune pièce ne se détache du corps, et il vit parfaitement bien dans un vase fermé, tandis que son proche allié meurt aussitôt qu'il est hors du puits et perd au plus petit mouvement de l'eau ses antennes, ses pattes et surtout ses appendices abdominaux. Cette délicatesse contribue beaucoup à la difficulté qu'il y a de donner une figure exacte de cet animal, vu qu'il faut, pour ainsi dire, le rebâtir membre par membre. C'est pour cette raison, probablement, que la figure que Fuhlrott donne, présente quelques inexactitudes, n'ayant pas remarqué, par exemple, que les deux premières paires de pattes avaient le cinquième article élargi et non pas grêle comme celui des autres pattes.

Les pièces servant à la mastication ne présentent pas de différence d'avec celles de l'aquaticus. Les lèvres, supérieures et inférieures, les mâchoires de la première et de la seconde paire et les pieds-mâchoires sont, pour ainsi dire, identiques. Les mandibules seules présentent une différence dans la forme des incisives, qui n'a aucune valeur, car ces pièces changent d'aspect, suivant leur usure, et que souvent chez un même sujet les pièces de droite ne sont pas semblables à celles de gauche.

Les pattes thoraciques sont bâties sur le même plan que celles de l'Asellus aquaticus, et les quelques petites différences que présentent le contour des articles et la position des soies, me laissent dans le doute, savoir, si elle est individuelle ou si réellement elle caractérise les espèces. Aussi, je préfère renvoyer le lecteur à l'examen de la Pl. IV, Fig. 6, 7, plutôt que de donner une description fastidieuse de la forme de chaque article et de la position de chaque soie. Quant aux appendices lamellés de la région abdominale, il est reconnu qu'ils fonctionnent comme des branchies et qu'ils ne sont qu'une modification de pattes abdominales. Ils ne diffèrent en rien des appendices lamellés ou branchies de l'Asellus aquaticus.

OBSERVATIONS ANATOMIQUES

sur

L'HYDROBIA DE MUNICH

Pendant mes recherches sur les Amphipodes du puits de l'École d'anatomie de Munich, je trouvai dans la même eau une abondante quantité de petits mollusques à coquille turbinée.

La présence de ces mollusques me surprit beaucoup, et au commencement je ne savais quelle valeur il me fallait attribuer à ma trouvaille, car dans les lieux obscurs et frais, habitent une foule de petits mollusques, et il se pouvait que ce que j'avais sous les yeux ne fussent que quelques sujets tombés dans l'eau par l'ébranlement causé en pompant. Mais en voyant que le séjour dans l'eau n'était pas mortel pour ces animaux, mais qu'au contraire ceux-ci rampaient avec beaucoup d'agilité sur le fond du vase dans lequel ils étaient renfermés, et qu'ils ne venaient jamais à la surface de l'eau pour respirer, je pus admettre a priori que j'avais affaire à un mollusque aquatique respirant au moyen de branchies.

Chaque fois que j'allais pomper au puits, je rapportais une douzaine de ces mollusques, non pas seulement la coquille, mais l'animal vivant qui, pendant les vingt-quatre heures qui suivaient sa captivité, rampait sans relâche. Après les premières vingt-quatre heures, il ne sortait guère que l'extrémité de ses tentacules ; plus tard, il paraissait mort ; mais en le mettant à nu en brisant délicatement la coquille, tous les organes se trouvaient encore en bonne conservation, comme le prouvait le mouvement très actif des cils vibratiles de l'épiderme et de ceux qui tapissent l'intérieur de l'intestin. J'ignore combien de temps ces mollusques peuvent rester enfermés dans leur coquille et dans la même eau, sans que la décomposition ait lieu. Je puis cependant dire, avec certitude, qu'après dix jours de captivité dans un verre de montre, ces mollusques étaient aussi propres à l'anatomie qu'au moment où ils sortaient du puits.

Les coquilles de ces mollusques n'étaient pas toutes semblables entre elles. Les unes, mesurant 1 millimètre, étaient transparentes, et l'apex très obtu, le dernier tour disparaissant presque dans l'avant-dernier. Les autres, semblables aux premières pour la forme, étaient parsemées de taches couleur de rouille. D'autres, enfin, les plus rares de toutes, mesuraient presque 2 millimètres ; leur forme était plus élancée, les spires se succédaient régulièrement jusqu'à la dernière, qui ne disparaissait pas dans les plis de l'avant-dernière. La coloration ou les taches couleur de rouille ont tellement augmenté que la coquille en est devenue noire. La bouche des trois formes est entière, l'opercule est corné, contourné en spirale excentriquement ; de la spire partent des lignes concentriques et excentriques, qui forment dans le centre un guillochage.

Avec ces quelques données, purement conchyliologiques, l'on ferait facilement plusieurs espèces, mais je ne reconnais pas à ces différences un caractère spécifique et je considère ces mollusques comme ne formant qu'une espèce, ainsi que nous le verrons par la suite.

Notre mollusque appartient au groupe Tænioglossa, par les caractères que présentent la radule. Ce groupe fait partie de l'ordre des Prosobranches et de la section des Ctenobranches. Mais les branchies en peigne, qui devraient être le premier caractère de notre mollusque, ont jusqu'à présent échappé à mes recherches.

Vu la difficulté qu'il y a de reconnaître des branchies, le caractère de la langue est de première importance, et pour pousser plus loin la détermination de notre mollusque, nous sommes limités aux caractères de la coquille et de l'opercule, qui, par l'épiderme pigmenté de la première et la nature cornée du second, présentent certains rapports avec les Paludines ; mais chez le genre Paludina l'opercule, quoique corné, n'est pas comme celui de notre mollusque, contourné en spirale, il est semblable à une écaille cycloïde, ses stries sont concentriques. Le genre Bithynia est caractérisé par un opercule calcaire, et le genre Valvata possède un umbo trop profond, comme du reste toutes les Paludines. Ainsi, nous ne pouvons chercher à placer notre mollusque dans la famille des Paludines. Mais par contre il présente certaines ressemblances avec le genre Rissoa. Frem.

Consultant la littérature, je trouvai dans les Verhandlungen der physikalisch-medicinischen Gesellschaft in Würzburg. IV. Band, 4. Heft, 1873, un Beitrag zur Kenntniss der würtembergischen Höhlenfauna, von Dr R. Wiedersheim, dans lequel l'auteur décrit et figure plusieurs mollusques du genre Hydrobia, provenant des grottes de Falkenstein, qui sont assez semblables à ceux de Munich ; du moins la structure de l'opercule et la radule, qui sont des caractères génériques, ne permettent pas de trouver la plus petite différence. Quant à la forme de la bouche et de la coquille en général, il est facile de trouver des différences et il est encore plus facile d'attribuer à ces différences une valeur spécifique.

Il est curieux que ce soit toujours sur les plus petites formes que les conchyliologues mettent le plus de zèle à distinguer les différences et à créer une espèce pour chacune d'elles, sachant fort bien que les grandes formes de coquilles sont soumises à la variabilité provenant tant de la nature de l'eau que de l'altitude à laquelle on les trouve et, par conséquent, de la nourriture aussi. Pour les petites formes, il semble que la variabilité soit devenue chimérique, et, vu la difficulté de contrôle, la liste de ces coquilles augmente de jour en jour.

Nous ne voulons pas chercher à déterminer plus minutieusement notre Hydrobia, car pour cela il nous faudrait débrouiller la synonymie, tâche que je préfère laisser à l'avenir conchyliologique.

Mon intention est de communiquer mes observations sur l'Hydrobia de Munich, dont l'anatomie jusqu'à présent est restée inconnue, vu l'impossibilité dans laquelle on était de trouver l'animal.

Ce mollusque et, en général, tous les différents Hydrobia que l'on a voulu jusqu'à présent reconnaître, appartiennent presque exclusivement à la faune des eaux souterraines, des eaux privées de lumière, et habitent les grottes de Falkenstein et les eaux souterraines du bassin de l'Isar, mais probablement se trouveront aussi dans toutes les eaux souterraines dans lesquelles on les cherchera, vivant ainsi en compagnie du Gammarus puteanus et de l'Asellus Sieboldii. Quant à leur existence dans les eaux profondes de nos lacs, je ne vois pas que l'Hydrobia soit mentionné par M. Forel dans sa liste de la faune des eaux profondes du lac Léman, mais il se peut qu'on l'y trouve encore.

Nous avons reconnu aux habitants des eaux souterraines que nous avons décrits, une modification, une descendance : nous avons reconnu que le Gammarus puteanus pouvait provenir du Gammarus pulex et que l'Asellus Sieboldii n'était qu'une modification de l'Asellus aquaticus.

Cherchant pour notre Hydrobia un lien de parenté avec un mollusque habitant les eaux douces superficielles, et, n'en trouvant pas, nous serions tenté de considérer ce mollusque comme un type isolé dont la généalogie serait perdue, si nous n'avions le droit de chercher un lien de parenté parmi les mollusques marins, ou du moins parmi ceux qui habitent les eaux saumâtres, droit que nous donnent les nombreuses formes marines qui habitent les eaux douces et qui doivent être considérées comme les survivants d'un changement plus ou moins grand des circonstances de vie. Notre Hydrobia me paraît être un de ces survivants qui se sont adaptés à l'eau douce et dont les membres de la famille habitent les eaux salées ou saumâtres. Les Rissoa sont probablement les mollusques auxquels notre Hydrobia a le plus d'analogie.

Lorsque l'on examine l'Hydrobia de Munich au moyen d'un faible grossissement, alors qu'il possède encore toute sa vie, l'on distingue dans la partie du corps qui sort de la coquille, deux parties : la tête et le pied (Pl. V, Fig. 1); la tête est munie latéralement de deux longs tentacules et se prolonge antérieurement en forme de trompe, dont l'extrémité fendue forme la bouche. Immédiatement derrière cette ouverture se trouve la langue ou radule (Fig. 1, c) et deux pièces cartilagineuses, juxtaposées, pyriformes, qui toujours sont très vivement coloriées en orange vif, passant quelquefois au rouge sang (Fig. 1, *a*). Le pied, qui est long et large, porte postérieurement l'opercule et possède antérieurement une trompe retractile en forme d'entonnoir que l'on aperçoit toujours au-dessous de la bouche (Fig. 1, *d*). Une étude plus minutieuse des différentes parties de cet animal présente certaines difficultés, vu sa petitesse, et ce n'est que par l'examen d'un grand nombre de sujets que je suis parvenu, plus ou moins exactement, à me rendre compte de la fonction des différents organes de ce mollusque.

Les tentacules, lorsque l'animal les déploie entièrement, atteignent une longueur proportionnellement très grande, comparée à la grandeur de la tête qui les porte, et comparée à la longueur proportionnelle des tentacules des autres mollusques. Pour examiner ces parties au moyen d'un fort grossissement, il faut nécessairement dépouiller l'animal de sa coquille, alors les tentacules, en se contractant, se plissent transversalement dans toute leur longueur, excepté vers le sommet, partie des tentacules qui reste toujours dans le même état, comme si elle avait une fonction à remplir qui ne lui permettait pas un instant de repos.

En effet, les tentacules sont revêtus d'un épiderme composé de cellules coniques, munies extérieurement de cils vibratiles, qui produisent un courant continuel sur toute la surface des tentacules. Mais outre ces cils vibratiles, se trouvent de longues soies plantées entre les cellules, et qui sont parfaitement immobiles. Ces soies, dont la structure paraît être des plus simples, présentent à leur base, qui se trouve entre les cellules de l'épiderme, un élargissement semblable à un petit ganglion nerveux dont le pôle inférieur se prolonge en un filament, lequel se perd dans la masse musculaire dont est formé le centre des tentacules (Pl. V, Fig. 2). Ces soies abondent surtout à l'extrémité des tentacules qui, comme je l'ai déjà dit, restent toujours tendus, permettant ainsi à ces soies de remplir leur fonction. De semblables soies existent chez d'autres mollusques. Claparède les observa chez la *Neritina fluviatilis* et les considéra comme soies tactiles.

Gaspar Velten, dans sa dissertation : De sensu olfactus gasteropodum, Bonn, 1865, considère par contre ces soies comme étant olfactives. Vu la petitesse de ces organes, il est difficile de reconnaître le rôle qu'ils jouent, aussi je me borne à mentionner chez l'Hydrobia l'existence de ces soies, sans vouloir discuter leur fonction.

La trompe protractile, à l'extrémité de laquelle est une fente, que je considère comme la bouche, est située entre les tentacules et semble composée d'une quantité d'anneaux qui ne sont réellement que des plis très réguliers de l'épiderme. En procédant à l'examen de cette trompe, depuis l'ouverture bucale, j'observai une grande poche légèrement teinte en jaune, dont la membrane ne présentait pas de structure particulière (Fig, 1 *b*). Dans l'intérieur de cette poche se trouve la langue ou radula, qui est très longue et très étroite. Elle est composée de sept rangs de pièces cartilagineuses, plus ou moins visiblement dentelées. Les pièces du rang central sont en forme de selles. Les pièces des deux paires de rangs suivants sont lamelliformes, et celles de la paire du rang extérieur sont longues, cylindriques et terminées en crochet. L'extrémité antérieure de la radule n'est pas terminée, comme l'extrémité postérieure, par un disque cartilagineux fixe, dépourvu de dents ; mais elle peut, au moyen de muscles, s'avancer, se déployer jusqu'à l'ouverture buccale, où, entre les deux lèvres, j'ai vu distinctement les dents mises à nu. Sous la radule et dans le centre de la poche jaunâtre, se trouvent ces deux corps cartilagineux qui, pour moi, restent énigmatiques. J'eus souvent l'occasion d'observer les mouvements de la radule et des parties avoisinantes, dont ces deux pièces font partie. La radule qui, lorsque l'animal rampait, était toujours tranquille, se mettait subitement en mouvement lorsque l'animal s'arrêtait ; probablement qu'il avait alors trouvé quelque nourriture. Les mouvements de la radule étaient d'une excessive promptitude, ce qui permettait à peine de reconnaître ses diverses positions. Par le jeu de ses muscles, elle s'étendait subitement dans toute sa longueur, atteignant avec son extrémité antérieure l'orifice de la bouche, puis elle se repliait sur elle-même en exerçant une forte pression sur les deux pièces pyriformes, les obligeant de s'écarter l'une de l'autre.

La fonction de la radule est compréhensible. En examinant de quoi se nourrissait ce mollusque, je trouvai son intestin rempli de Diatomées, donc, il se nourrit de bouchées toutes faites, qui ne demandent pas à être triturées, car toutes les Diatomées que j'examinai étaient encore entières.

Mais depuis les lèvres à l'œsophage la distance est grande, et les cils vibratiles ne se trouvent que depuis l'origine de l'œsophage, il faut donc ici un appareil destiné à transporter les bouchées ou les Diatomées depuis les lèvres à l'œsophage. Cet appareil est la radule qui, chaque fois qu'elle se déploie et reploie sur elle-même, apporte une bouchée à l'origine de l'œsophage, puis de là elle est poussée plus loin par le mouvement des cils vibratiles. Ainsi, la radule ne triture pas les aliments, mais, comme une vraie langue, transporte les aliments au moyen de son extrémité. En examinant la radule dans toute sa longueur et en comparant les rangées de dents entre elles, il est facile de reconnaître que les dents de l'extrémité antérieure, qui seules fonctionnent, sont plus grandes, plus développées et se détachent plus facilement les unes des autres que les dents de l'extrémité postérieure. En examinant cette dernière partie, le passage de la radule dans le disque cartilagineux, il est facile aussi de reconnaître une diminution dans la dimension des dents, depuis les dernières rangées encore distinctes, succèdent une suite de rangées de dents indistinctes, qui, à mesure que l'on avance vers le disque, diminuent de plus en plus pour se perdre finalement dans le disque. Cette description, pour être plus exacte, devrait procéder du disque cartilagineux vers l'extrémité antérieure, car, pour ces dents, je reconnais un développement évident, un renouvellement constant, semblable à celui des mâchoires des requins, des raies, etc. La source des dents de la radule et leur point de départ est le disque cartilagineux ; c'est de cette pièce qu'elles sortent pour avancer lentement, tout en se développant, vers l'extrémité antérieure, où à leur tour elles entrent en fonction.

6

Les deux pièces pyriformes, qui se trouvent sous la radule, sont pour moi énigmatiques, quoique Claparède [1] les considère, sans hésiter, comme faisant partie de la langue ou d'un appareil masticatoire. Ces deux pièces sont par elles-mêmes privées de tout mouvement et paraissent n'entrer en action que lorsque la radule, par ses mouvements, exerce une pression sur ces pièces; alors elles s'écartent l'une de l'autre pour reprendre ensuite leur position. Pendant leur éloignement, la radule occupe l'intervalle qui les sépare.

La structure de ces deux pièces est des plus caractérisque, étant composées de cellules très distinctes, transparentes, qui, selon qu'elles sont plus ou moins pressées par le verre, apparaissent sous la forme de polygones, ou d'écailles juxtaposées. Dans la potasse caustique, ces pièces, ainsi que la radule, ne se dissolvent pas, ce qui indique leur nature cartilagineuse ou composée de conchylioline. Ces pièces ne sont pas lamelliformes, comme on pourrait le croire, lorsqu'elles sont pressées entre deux verres, mais elles sont pyriformes, comme il est facile de le reconnaître lorsqu'elles sont pressées par la radule, c'est-à-dire que ces pièces ne sont autre chose que des vessies, des poches, dont la membrane qui les compose, présente la structure que je viens de mentionner. Le caractère le plus frappant de ces deux poches est leur couleur orange ou rouge, coloration qui disparaît immédiatement, lorsque ces poches sont soumises à l'action de la potasse. Quand, par la pression, je parvenais à déchirer la membrane de ces poches, je reconnaissais dans leur intérieur des corpuscules jaunâtres, ronds pourvus d'un noyau, qui, par leur accumulation, étaient la cause de cette coloration si remarquable. A la vue de ces corpuscules et de cette coloration, il est difficile de douter que ce ne soit les éléments visibles du sang, mais alors que font-ils dans ces poches? Je ne puis admettre que ces poches, dont la membrane est composée, il est vrai, de conchylioline, ait quelque fonction dans la mastication ou, plutôt, qu'elle fasse partie de l'appareil lingual, vu qu'il n'y a pas de mastication nécessaire, puisque la nourriture est transportée directement des lèvres dans l'œsophage.

Chez d'autres mollusques, le Limnaeus stagnalis, par exemple, il se trouve aussi sous la radule, qui est très large et courte, deux corps blancs, opaques, et de forme ovale. Ces deux corps, de nature cartilagineuse, sont analogues aux vessies rouges de notre mollusque, et il est probable que ces pièces fassent ici partie des organes de la mastication.

Mais si cette règle s'étend à la plupart des mollusques, l'on peut admettre une exception à la règle générale, exception qui compenserait une abnormité de notre mollusque, c'est-à-dire l'absence du cœur. Cette absence du cœur chez les mollusques fut observée, en premier lieu, par Claparède chez la Neritina fluviatilis, animal déjà beaucoup plus grand que celui dont nous nous occupons, permettant ainsi de reconnaître les différents organes plus facilement que chez mon mollusque, qui cependant, par sa grande transparence, présente un avantage réel pour son étude. Claparède, tout en ne pouvant trouver

---

[1] Muller's Archiv, 1857. *Anatomie und Entwicklungsgeschichte der Neritina fluviatilis.*

le cœur de la Neritina fluviatilis, reconnaît et décrit la structure de ces poches, mais il les considère comme étant des cartilages appartenant à la langue. La forme en poire, sans ouverture visible, il est vrai, la structure et la délicatesse de la membrane et les corpuscules coloriés sont des caractères qui permettent de considérer ces vessies comme des organes qui remplacent jusqu'à un certain point le cœur ; comme des sinus dans lesquels le sang s'accumule pour en être chassé par la pression exercée sur ces vessies par les mouvements de la radule. Cette manière d'envisager la fonction de ces deux vessies est, j'en conviens, un peu hasardée, mais, parce que ne trouvant pas de cœur chez ce mollusque, l'on ne peut vouloir nier aussi l'existence du sang ; or, il faut pour celui-ci une force qui le mette en circulation, ce que je crois avoir trouvé dans la pression qu'exerce la radule sur ces sinus ou vessies.

Il me reste peu de chose à dire pour terminer la description de la circulation qui, malgré moi, est venue se mêler à celle de la radule. Les pressions exercées sur ces vessies par la radule sont irrégulières, puisqu'elles dépendent des mouvements de celle-ci ; aussi je ne considère pas ces pressions comme le seul moyen de mettre le sang en circulation. En examinant l'intérieur du corps de ce mollusque, ce qui est possible, vu sa transparence, j'ai été frappé de la grande répartition de cils vibratiles dans toutes les différentes parties du corps. Ces cils tapissent de nombreux canaux, dans lesquels je suppose que le sang circule par la seule impulsion causée par les cils. Dans le troisième tour du corps, dans un fragment du foie, j'ai observé régulièrement une surface dont les mouvements rappelaient assez les pulsations d'un cœur, et au premier moment je crus que j'avais en effet trouvé cet organe malgré sa position reculée. Je coupai alors le corps à son second tour, pour voir combien de temps encore dureraient ces pulsations, mais à ma grande surprise le temps s'écoulait et les palpitations continuaient avec autant de force qu'avant le partage du corps. Je déchirai alors cette surface et vis que ces pulsations étaient causées par de très forts cils vibratiles qui se trouvaient ainsi isolés au milieu du foi. Je n'ai pu constater un vide, mais, vu la longueur de ces cils, il faut qu'il y ait un espace vide pour leur permettre de se mouvoir ainsi ; ce sinus doit probablement jouer un rôle dans la circulation du sang, en lui donnant ici une nouvelle impulsion.

Quant aux branchies, j'ai déjà mentionné la difficulté qu'il y avait de les reconnaître, et si réellement elles existent, elles n'ont certainement pas le caractère de ctenobranches. En dépouillant l'animal de sa coquille et en l'examinant à découvert au moyen du microscope, la partie qui suit la tête est parfaitement unie, ne permettant pas de deviner où pourraient se trouver des branchies. En couvrant l'animal d'un verre et en le pressant assez fortement, il m'est arrivé régulièrement de voir, soit à droite, soit à gauche de l'animal écrasé, cinq feuillets revêtus de cils vibratiles et diminuant de taille du premier au dernier. Dans la masse d'où ces feuillets sortent, je distinguai aussi cinq traits blanchâtres, se dirigeant chacun en zigzag vers la base de ces feuillets. Vu la constante apparition de ces appendices, il faut leur attribuer une fonction qui probablement est celle des organes branchiaux.

Le canal digestif, depuis l'œsophage jusqu'à son débouché à l'extérieur, est garni intérieurement de cils vibratiles, dont la fonction est de faire avancer les aliments. Dans le premier tour du corps de l'animal, l'œsophage passe en un estomac qui n'est qu'un élargissement du canal, de là le canal se prolonge jusque dans le troisième tour, où, après avoir traversé une partie du foie, il revient sur lui-même pour déboucher du côté gauche de l'animal, c'est-à-dire dans le voisinage du penis chez les sujets mâles. Les aliments qui remplissent ce canal, comme je l'ai déjà dit, se composent de Diatomées qui se trouvent mêlées à un liquide granuleux, qui peut-être est formé de la substance fondamentale d'infusoires, de Bursaria, qui abondent dans ces eaux souterraines. En examinant la marche des aliments dans le canal, il est facile de voir que les cils vibratiles obligent les aliments d'avancer. Ayant passé par l'estomac, ils continuent leur route de la même manière jusqu'au point où le canal passe à travers le foie. Ici, les aliments ayant passé le contour, perdent leur fluidité, leur marche est subitement suspendue sur un point quelconque du canal, les aliments qui avancent postérieurement au point d'arrêt s'accumulent, le canal, par cette pression, s'élargit, se gonfle à mesure que l'accumulation des aliments augmente ; pendant ce temps, le dessèchement des aliments semble se continuer, et prennent en même temps une couleur jaunâtre, qui plus tard se change en brun. Depuis ce point, où la marche des aliments est suspendue momentanément, les cils vibratiles de l'intérieur du canal transmettent à cette masse d'aliments desséchés un mouvement de rotation dans le sens du diamètre du canal intestinal et un mouvement de progression dans la longueur du canal, ainsi deux mouvements qui, si je les représentais par une ligne, formeraient une spirale semblable à celle que trace un obus pendant sa projection. Le premier de ces deux mouvements est celui qui donne à ces excréments leur forme arrondie ou ovale. Leur dimension est plus grande que le diamètre du canal, ce qui lui donne l'aspect d'un chapelet dont les grains seraient espacés les uns des autres.

Les parties génitales de notre Hydrobia se prêtent difficilement à une étude exacte de leurs différents organes, vu la petitesse de l'animal, qui ne permet pas une dissection suivie, laissant l'observateur livré au hasard de découvrir tel ou tel organe en déchirant le corps de ce mollusque.

Chez les sujets mâles, les testicules se laissent facilement découvrir dans la partie postérieure du corps, où ils sont enveloppés par le foie. Il m'est arrivé de les avoir complétement isolés, ainsi que la partie adjointe du vas diferens (Pl. V, Fig. 4). Les glandes qui contiennent les cellules spermatiques sont nombreuses, ou pour m'exprimer plus exactement, la glande qui compose les testicules est multilobée, chaque lobe aboutissant centralement à l'origine du vas deferens, qui, avant d'être déchiré, ne laisse apercevoir dans son intérieur que des petits traits noirs. Par la pression, ou en déchirant ce canal, le contenu en sort et permet de vérifier la nature de ces traits noirs qui ne sont autre chose que des spermatozoïdes très vivaces. Ils ne présentent qu'une forme caractérisée par la tête, qui est plate et ressemble à un pelle, et par l'appendice filiforme très long, qui, dans le milieu de sa longueur.

se replie sur lui-même en formant une boucle. Ce qui est visible dans l'intérieur du vas diferens, sous la forme de traits noirs, sont les têtes des spermatozoïdes. Dans le tour du corps qui précède la tête· le vas diferens échappe constamment aux recherches ; probablement que de là il passe dans le canal du penis, car je n'ai pu découvrir d'organe qui semblât dépendre du conduit seminal. Le penis, ordinairement visible par la pression, est un corps musculaire qui a la forme d'une langue, traversé sur un des côtés par un canal muni dans toute sa longueur de cils vibratiles, portés par les cellules coniques qui tapissent les parois du canal.

Quant aux organes génitaux de la femelle, il m'est encore moins facile de dire quelque chose de précis, vu que je ne pus étudier ce mollusque que pendant l'hiver, saison durant laquelle sa multiplication semble arrêtée, quoique habitant les eaux souterraines, dans lesquelles l'on ne peut, comme dans les eaux superficielles, reconnaître une influence directe de la température.

La femelle de notre Hydrobia se laisse plus facilement reconnaître par des caractères négatifs que par ses propres caractères sexuels. L'absence du penis et de spermatozoïdes permet, outre la forme obtuse de la coquille, d'admettre a priori que le sujet examiné est une femelle, mais quant à reconnaître la nature de chaque accumulation de cellules, l'absence d'œufs formés dans l'oviduct ou l'uterus, et le grand développement du foie, qui remplit presque la totalité de cette partie du corps, sont des circonstances trop peu favorables pour me permettre de le faire avec succès. La meilleure époque pour l'étude de ces organes est celle de la reproduction, où le foie se réduit à son minimum pour faire place au grand développement de l'ovaire et de la glande albumineuse. De cette dernière, j'ai fait figurer quelques cellules Pl. V, Fig. 10. La Fig. 11 représente quelques cellules à centre granulé, qui, probablement, sont celles des reins, et la Fig. 12 est une partie d'épiderme très richement pourvue de corpuscules calcaires.

Quant au sens de ce mollusque, nous avons déjà vu que sur les tentacules se trouvaient des soies qui probablement sont tactiles, car je ne comprendrais pas comment elles seraient olfactives.

Le sens de l'ouïe est parfaitement développé. Les vessicules auditives (Pl. V, Fig. 3 et 7 a) sont très facile à voir ; il suffit d'une légère pression pour que les otolithes, puis les vessicules apparaissent avec la plus grande netteté. Ces organes sont en connexion avec la paire de ganglions céphaliques centraux.

L'existence des organes de la vue n'est pas encore positivement prouvée. Le Dr Wiedersheim, dans sa description de l'Hydrobia de la grotte de Falkenstein, mentionne des rudiments d'organes visuels sur les tentacules. Chez les Hydrobia de Munich, je n'ai rien vu de semblable ; les tentacules étaient d'une uniformité complète de leur base à leur extrémité. Mais, par contre, je trouvai dans la partie antérieure de la région céphalique, à droite et à gauche de la radule, une surface formée de cellules polygonales au nombre de douze à treize, ayant la plus grande ressemblance avec la cornée d'un insecte. Ces surfaces (Pl. V, Fig. 9) étant symétriques, d'égale grandeur et composées du même nombre de cellules, doivent avoir la fonction qu'a la cornée des insectes. Ces organes n'ont certainement pas leur complet développement, ou plutôt ils peuvent l'avoir eu, et ils ont subi une modification, une simplification causée par le séjour habituel de ce mollusque dans les eaux privées de lumière. Comme pour le Gammarus puteanus et l'Asellus Sieboldii, le sens visuel devenant ici inutile, les organes se sont atrophiés, et, au lieu d'avoir disparu complétement, il est resté ces surfaces à cellules polygonales, qui, vraisemblablement, disparaîtront aussi à leur tour.

FIN.

EXPLICATION DES PLANCHES

GAMMARUS PUTEANUS. KOCH

PLANCHE 1

Fig. 1, 2, 3 et 4 représentent les quatre différentes formes du cinquième article des pattes préhensiles, portant antérieurement le sixième article qui, mis en mouvement par de forts muscles, fonctionne comme le bras d'une pince sur le bord antérieur du cinquième article.

» 1. Cinquième article de la première paire de pattes de la première forme.

» 2. Dito de la deuxième paire de pattes de la même forme.

» 3. Dito des deux paires de pattes de la deuxième et troisième formes.

» 4. Dito des deux paires de pattes de la quatrième, cinquième et sixième formes.

» 5. Mandibule dont le corps est en forme de hache, garni à son bord supérieur d'un rang de fortes soies arquées.

Les trois articles qui partent de la base du corps constituent la palpe de cette mandibule.

» 6. Procès molaire, représenté de face pour montrer sa surface triturante. Son bord postérieur se termine par de fortes épines et par un appendice filiforme, articulé, dont la fonction n'est pas connue. Cette pièce, qui appartient aux mandibules, est fixée horizontalement sur la partie postérieure du corps.

Les mâchoires de la première et seconde paires ne sont pas figurées.

» 7. Pied-mâchoire.

» 8. Tigelle appendiculaire portée par le troisième article du pédoncule des antennes supérieures.

» 9. Piquant des pattes sauteuses ou postabdominales.

» 10. Soies à barbes des pédoncules des antennes supérieures.

» 11. Partie d'une tigelle supérieure portant une baguette olfactive, située entre deux paires de soies simples.

» 12. Baguette olfactive fortement grossie.

» 13. Extrémité fortement grossie de l'appendice supplémentaire du quatrième segment postabdominal de la quatrième forme (voir Pl. III, Fig. 2), portant une soie garnie de barbes depuis son pédoncule.

» 14. Cône supposé olfactif : *a*. Premier article de l'antenne inférieure ; *b*. Cône ; *c*. Canal conduisant de l'extérieur à l'intérieur du cône.

PLANCHE II.

Fig. 1. Région postabdominale de la première forme du Gammarus puteanus, mesurant 2 à 4 millimètres.
» 2. Patte de la seconde forme, mesurant 3 à 6 millimètres.
» 3. Patte métathoracique.
» 4. Patte prothoracique simple.
» 5. Patte prothoracique préhensile : *a*. Lame incubatrice ou marsupiale ; *b*. Branchie ; *c*. Epimère.
» 6. Patte proabdominale ou natatoire.

PLANCHE III.

Fig. 1. Région postabdominale de la troisième forme, mesurant 5 à 8 millimètres.
» 2. Patte de la quatrième forme, mesurant 8 à 14 millimètres.
» 3. Patte de la cinquième forme, mesurant 12 à 18 millimètres.

ASELLUS SIEBOLDII. ROUGEMONT

PLANCHE IV.

Fig. 1. Asellus Sieboldii. Les antennes inférieures ne sont pas dans leur position normale, elles devraient être dirigées en avant. Elles ont été dessinées ainsi afin de prendre moins de place.
» 2. Lamelle branchiale.
» 3. Deux articles de la tigelle des antennes inférieures, portant chacun une baguette olfactive.
» 4. Soies à barbes provenant des pattes.
» 5. Extrémité fortement grossie des appendices abdominaux, montrant des soies à barbes et des soies tactiles.
» 6. Patte de la septième paire.
» 7. Patte de la première paire.

HYDROBIA DE MUNICH

PLANCHE V.

Fig. 1. Hydrobia. species ? L'animal est représenté tel qu'il est lorsqu'il se meut : *a*. Pièces composées de conchylioline, pyriformes et très fortement colorées en rouge sang. Ces mêmes pièces sont représentées Fig. 8, sous un plus fort grossissement ; *b*. Poche membraneuse, jaunâtre, enveloppant les pièces pyriformes et la radule ; *c*. Radule ; *d*. Trompe protractile, à la base de laquelle divergent les tentacules.

Fig. 2. Extrémité très fortement grossie d'un tentacule. Le bord antérieur est tapissé de fines soies vibratiles. Sur l'un des côtés de la figure sont représentées des soies tactiles ayant à leur base un renflement dont le pôle inférieur se prolonge et se perd dans la masse charnue, musculaire, qui forme le centre du tentacule.

» 3. Organe auditif fixé à son ganglion céphalique central. Dans le centre de la vessicule auditive se voit l'otolithe.

» 4. Testicules formés de lobes distinctes, aboutissant au canal, vas deferens, dans lequel l'on distingue la tête des spermatozoïdes ; *a*. Spermatozoïde.

» 5. Opercule.

» 6. Fragment de la radule, représentant trois rangs de dents, chacun composé de sept dents.

» 7. Système ganglionaire, montrant la place qu'occupent les otolithes, *a*.

» 8. Pièces pyriformes (voir Fig. 1, *a*).

» 9. Représente deux petits groupes de cellules polygonales, qui se trouvent sur la partie antérieure de la trompe protractile. Chacun des groupes est composé de douze cellules. Vu par la lumière oblique, l'espace intercellulaire devenait noir comme le groupe de gauche le représente. Le groupe de droite est vu à la lumière directe.

La grande ressemblance de ces cellules avec celles de la cornée de certains insectes me fait supposer que ces groupes sont les organes visuels rudimentaires de ce mollusque.

» 10. Cellules de la glande albumineuse.

» 11. Cellules de la glande reinale.

» 12. Corpuscules calcaires de l'épiderme.

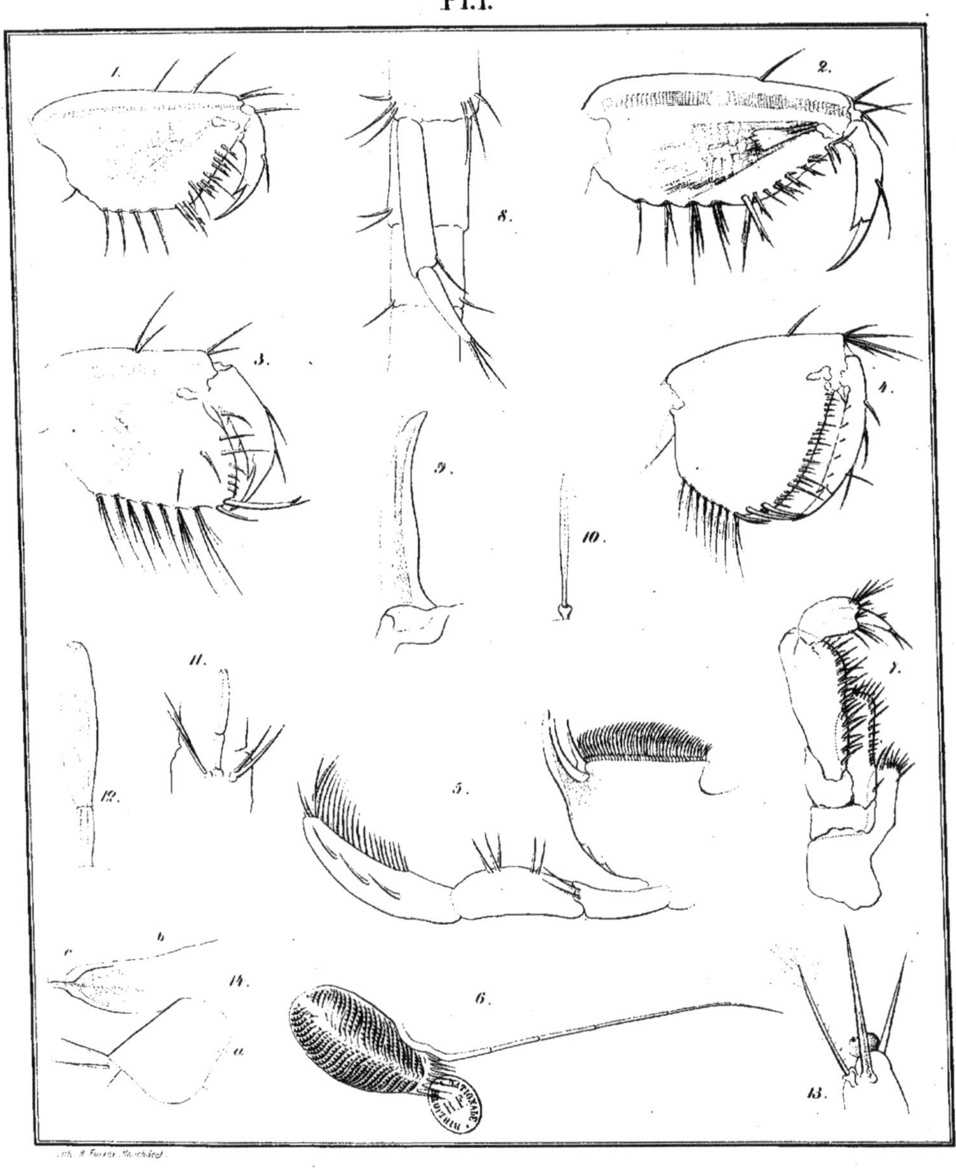

Pl. II.

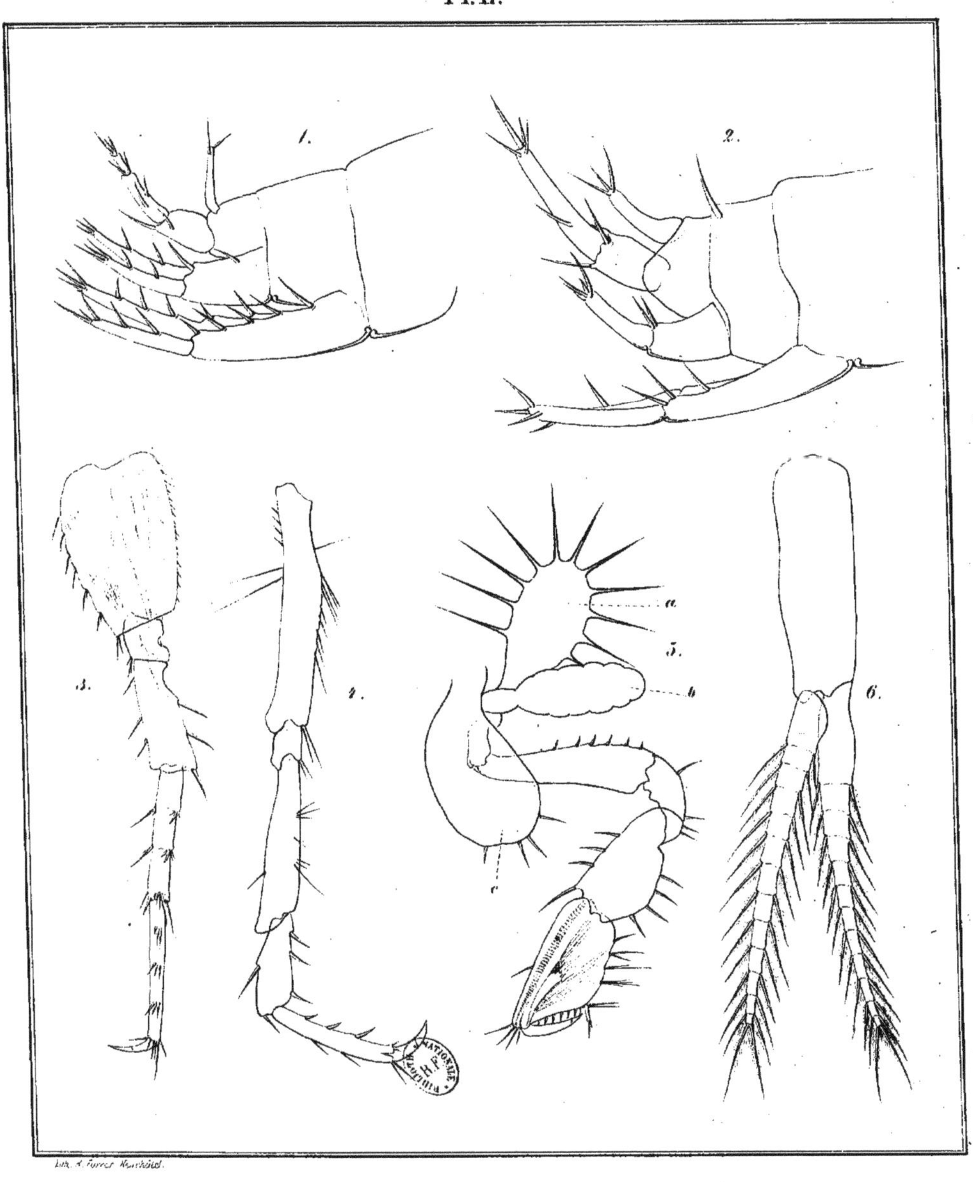

Pl. III.

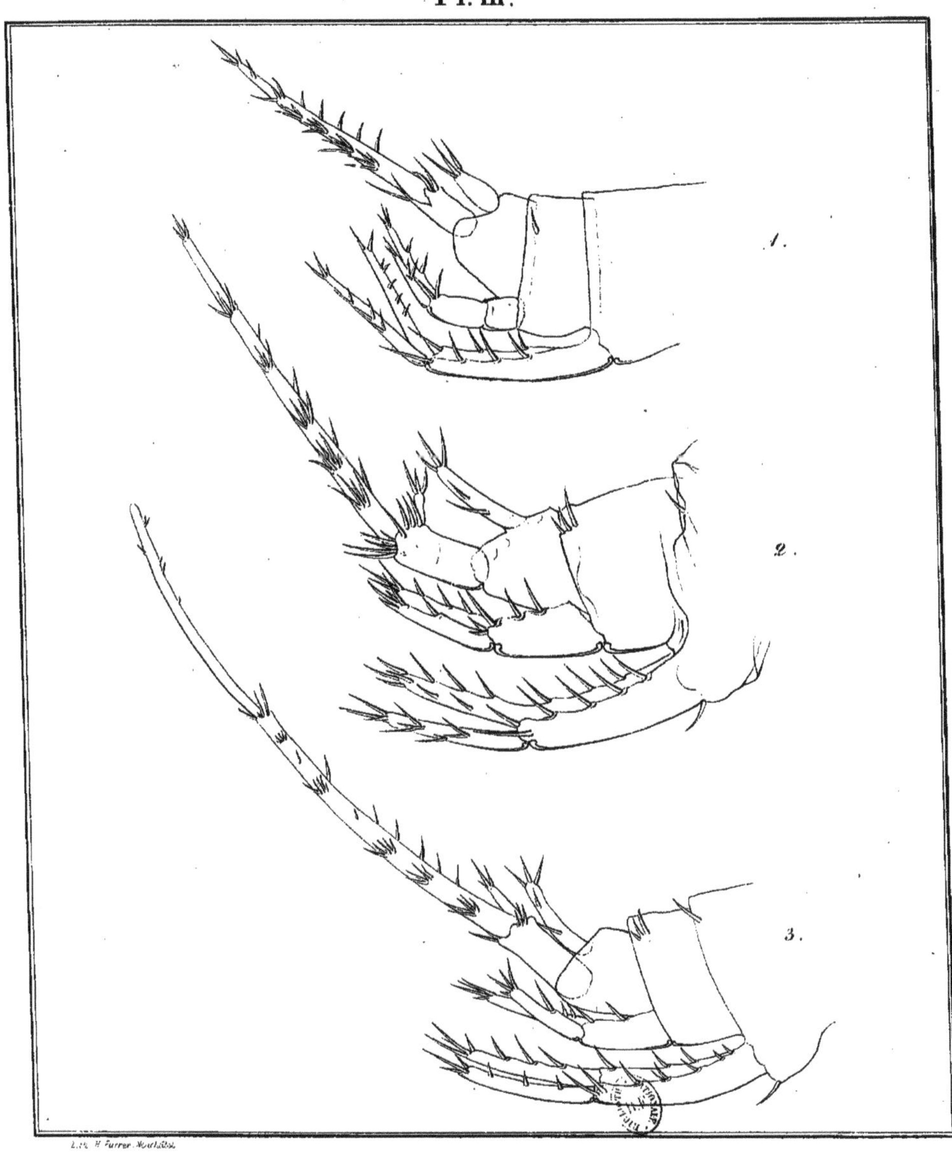

Pl. IV.

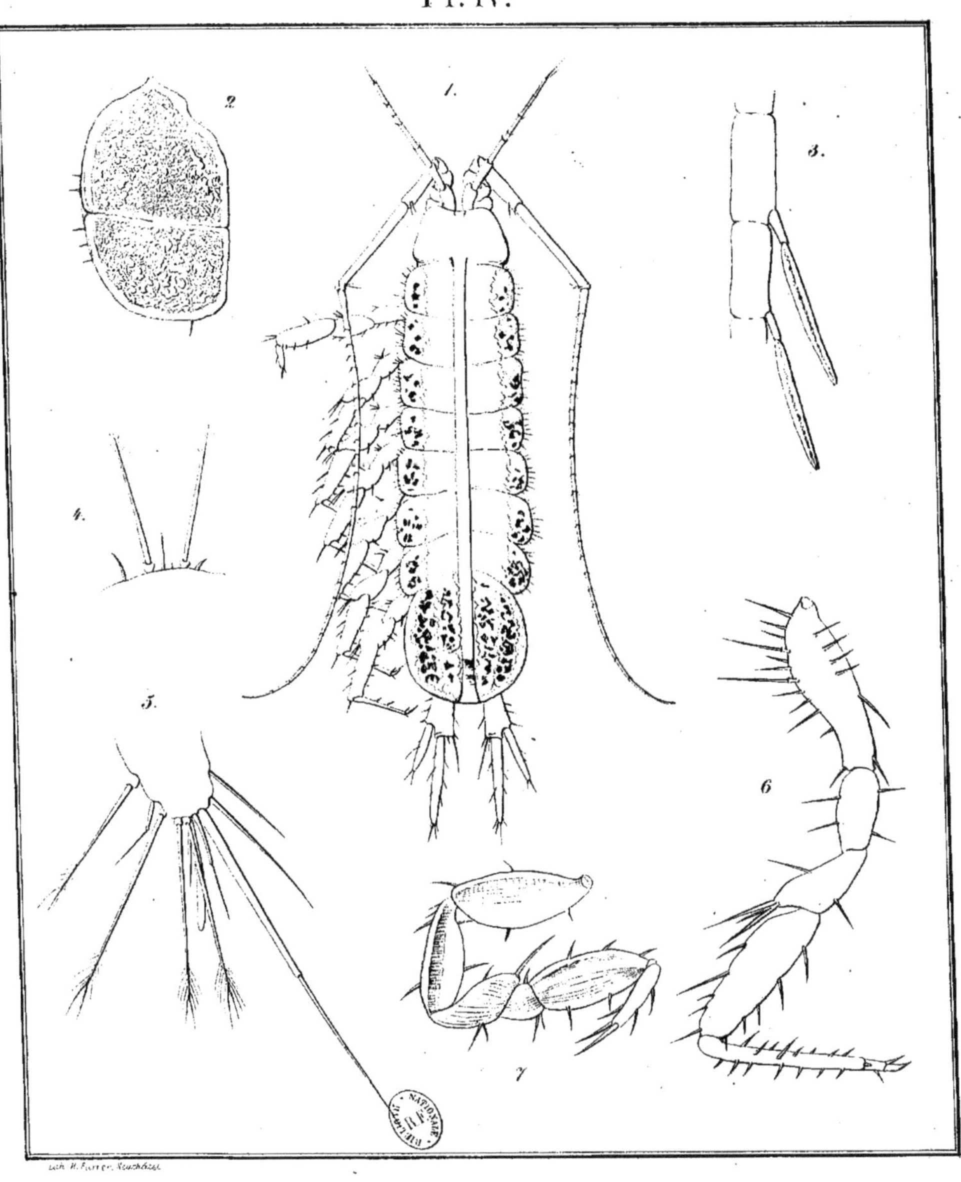

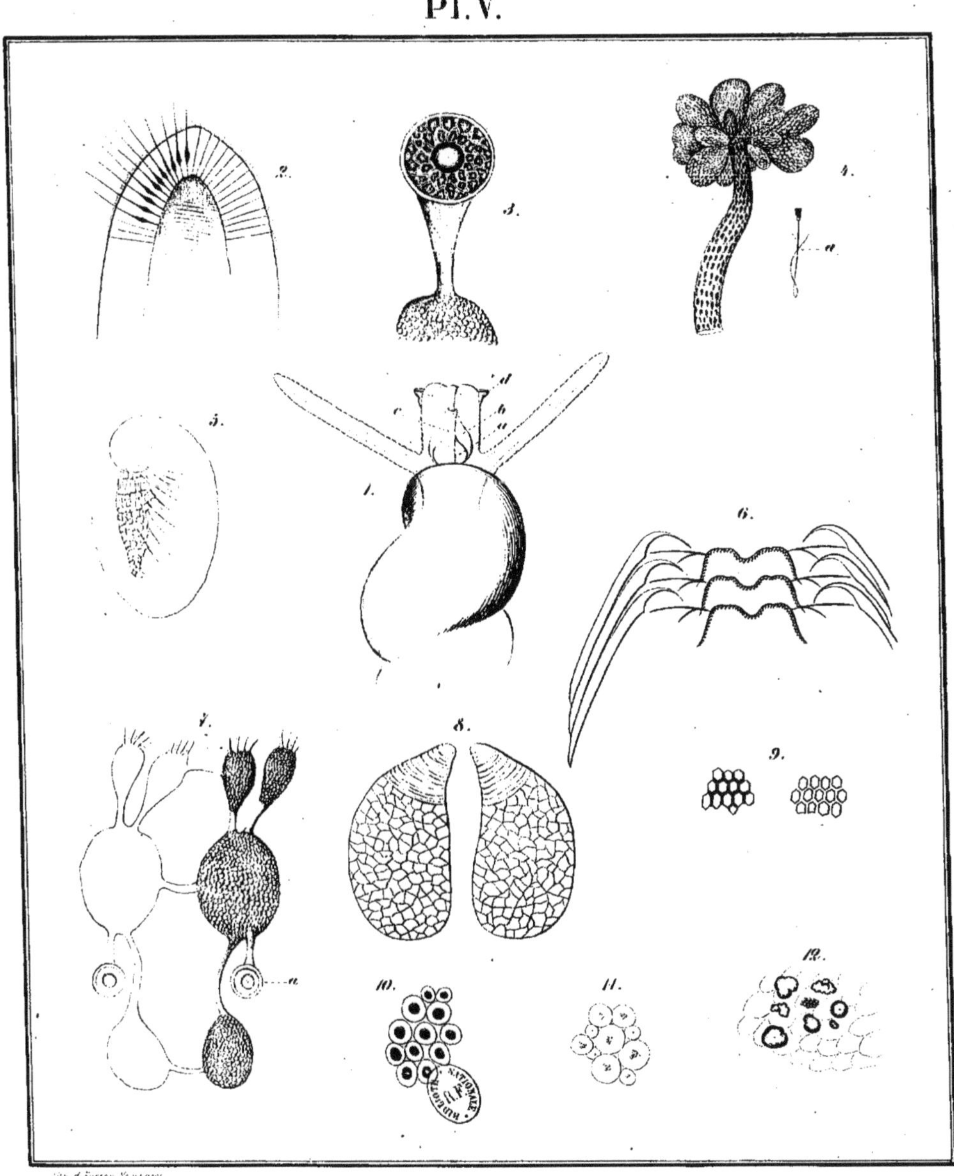